クム80000形につづき、110m/hへの最高速度向上を目指したクム1000・1001形が登場。2輌ユニット方式で電磁自動空気ブレーキを採用していた。写真では見える範囲で6輌が連結され、トラックの所有会社もバラエティに富んでいる。
1992.7.21　根府川－早川
P：森嶋孝司（RGG）

トラックのピギーバック輸送だけでなく、背高国際海上コンテナ輸送にも両用で使用できる貨車として試作されたコキ70形。小径2軸台車を持つが、床面自体は平面で落とし込み式ではない。妻面からのトラック乗り込み時には、端梁を180度開いて通路を作るという大胆な方式が採用されている。大型11トントラックの積載が可能とされていたが、試作のみに終わった。
1991.4.5　梅田　P：RM

4トントラックピギーバックの積載効率を最大化するために試作された「スーパーピギーバック」クサ1000形。本輸送に特化した専用トラックとセット運用される考え方で、同トラックを3台積載できた。実用には至らず、正式には車籍も編入されなかった。
1993.10.20　東京貨物ターミナル
P：RM

ク5000形による新車乗用車輸送に代わるものとして、クルマをコンテナに収容し、それをコンテナ車で運ぶ方式が各種試行された。コキ71形「カーラックシステム」はその中では成功例と言え、1個のコンテナに乗用車4～5台を積載し、道路上はトレーラーで輸送する。鉄道友の会ローレル賞も受賞したが、現在では運用終了している。
1995.3.25　新潟貨物ターミナル
P：松本正敏(RGG)

独特の欧風デザインで話題と
なったブルーバード410型を
積んだク300形301。日産の私
有貨車であったが、試作的に2
輌が製作されたのみであった。
所蔵：渡辺一策

はじめに

かって国鉄やＪＲ貨物の貨物列車には新車乗用車を運ぶク5000形や4トントラックを積荷ごと運ぶクム80000形など「自動車」用貨車がよく組込まれていた。

現在ＪＲ貨物の自動車輸送はコンテナで僅か行われているに過ぎないが、設計上いろいろ特殊な点があったこれら自動車専用貨車の姿にはとくに興味を惹かれた方が多いのではないだろうか。

本書はわが国の鉄道で乗用車、トラック、オートバイ等各種の自動車、そして更にさかのぼって、その前身である馬車を運んできた多彩な貨車たちをとり上げて時代別、系統別に解説を加えたものである。

〈渡辺一策〉

ＪＲ貨物時代も唯一残っていた日産自動車の乗用車輸送専用列車。ク5000形の多くはトリコロール塗装に変っている。
1988.12.1 柴崎―東逗子　Ｐ：荒川好夫（RGG）

「車運車」とその記号の変遷

　国鉄において車運車と称した車輛はいくつかの変遷があり、以下にそれを簡単に記載しておく。

(1) 明治初期から存在した馬車運送車（別名車運車）は客車に属し、明治35年以後、記号「キ」となった。

(2) 明治44年制定の称号で、鉄道車輛輸送用の無蓋貨車が車運車に類別され記号「シヤ」とされた。

(3) 大正4年、天皇御大礼用馬車輸送車が造られ車運有蓋貨車として記号「シワ」が付けられた。

(4) 昭和3年の称号改正により、有蓋貨車の中に車運車が類別され記号「ク」が充てられた。該当したのは大正大礼、及び昭和大礼用の馬車輸送車2形式である。

(5) 昭和37年から乗用車輪送用に無蓋の専用貨車が造られ、初めは大物車に分類し記号「シ」が付けられていたが次第に増加の傾向が明らかになり、昭和40年の改正で無蓋の車運車（記号「ク」）として規程化された。これに伴い従来の有蓋車運車クムは既に事業用貨車に改造されていたので「ヤ」に変更され車種消滅した。

　以上のほか車運車と称していなくても自動車などを運んだ貨車又は客車も多く存在した。本書では上記のうち(2)項を除く車運車のすべてと、それ以外の自動車、オートバイ専用貨車（及び客車、コンテナ）を対象としており、鉄道車輛や軍用車輛など特殊な車を運ぶ貨車は対象外であることをご了承いただきたい。

第1章　馬車を運ぶ貨車

　19世紀から20世紀初頭までの欧州では上流階級の乗り物として個人用馬車が広く利用されており、鉄道開通後も自動車が普及するまでの間は馬車と鉄道は相互に補完する形で共存していた。そして我国の鉄道でも馬車を運ぶ役割の貨車が「車運車」という名称のもとに少数だが存在した歴史がある。本章では車運車の神話時代とも言えるこれら馬車輸送貨車を取上げることにしよう。

　なお、ここで述べる馬車積「車運車」はあくまで特殊な輸送用であり、一般的に馬車を貨車輸送する場合は普通の無蓋車が利用されていたのである。

1－1　明治期の馬車運送車
渡辺一策

　東海道線の貨物輸送は明治6年、有蓋車、無蓋車、家畜車、材木車、魚車などの貨車により営業を開始したのであるが、「馬車運送車」はそれから間もない明治11年の統計で東部地区に3輌、西部地区に1輌の計4輌が登場している。

　この「馬車運送車」は馬車を牽くための馬を運ぶ「馬運送車」と2車種セットの形でありどちらも貨物列車ではなく旅客列車に連結して輸送された。

■写真1. 馬車運送車E-3

そのため分類上は貨車でなく客車に属していたが、馬車運送車は写真でわかる通り実質無蓋貨車の一種であり、国鉄百年史などでも貨車の部で解説されている。

車種名は英文でCarriage Truck、日本語では「馬車運送車」又は「車運車」と称していた。馬車は2台積みとされているが積載時車輪は取り外し着駅で取付けたのであろう。基本構造は初期の小型4輪客車に準ずるもので客車改造とも考えられる。タイプは2種あり写真の車輌は形式CD、輌数は3輌、記号番号はE3と読み取れ、E1〜3が存在したのではないか。車体長は15ft、軸距8ft6inである。もう1種は形式CG、輌数1、車体長15ft、軸距8ft、こちらは鉄道創業時に輸入された「日本最古の客車」の一員といわれている。[註]

明治35年の新形式称号によって車運車は記号「キ」が制定され形式CGはキ1形1、形式CDはキ2形2〜4となった。分類は馬運車とともに客車に据置かれている。

明治期の馬車運送車は結局この4輌のみで増備はなく44年の大改番時には姿を消してしまった。なお仲間の馬運車（記号ム）の方は輌数も10輌に増え分類は貨車に変り、一部は大正9年まで残存していた。

さてこの4輌の馬車運送車は実際どのように利用されていたのであろうか。運賃制度面の文書からみると、明治18年新橋横浜間汽車時刻表に付加された説明では「手廻荷物及小包並馬、馬車、其他旅客列車ニテ運送スベキ貨物ノ賃金並規則ヲ左ニ掲グ」とあり「馬車及荷車：二輪車ハ一哩毎ニ金拾銭、四輪車ハ一哩毎ニ金拾五銭」と表示されている。また明治34年の鉄道貨物取扱方によると「馬車、馬匹は荷主の望により旅客、貨物何れの列車にても取扱ふべし」とし旅客列車で取扱う小荷物のうち「自転車、人力車、小獣類は旅客緩急車にて運送す又馬車馬匹は特別の車に搭載し旅客列車に連結輸送すべし」とされている

もともとこのような車輌が造られたのは創業期の鉄道を指導した英国の風習を取り入れたものであり、当時の駐日外交官などが旅行の際連結したともいわれる。即ち自分の馬車を車運車に、馬を馬運車に載せ旅客列車で同時に輸送する、後のカートレイン車のような性格を持っていたことになる。しかし残念ながら運用状況の記録や積車状態の写真等は未発見であり、これ以上の詳細は不明である。

[註] 臼井茂信「マッチ箱以前」（鉄道ピクトリアル1958-11）

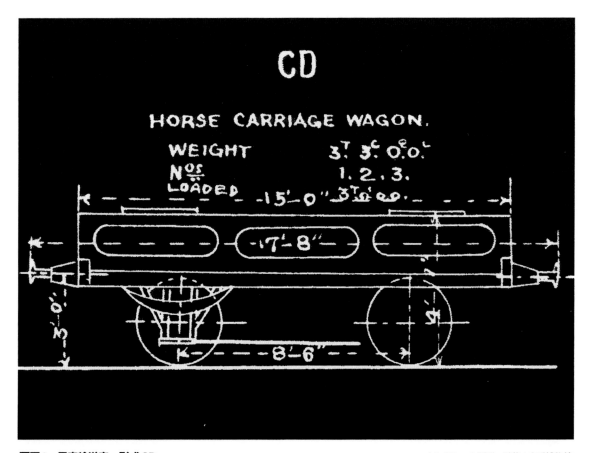

■図1. 馬車輸送車　形式CD

トレビシック図面　所蔵：交通博物館

1－2 大正大礼の馬車輸送車・シワ115形

矢嶋 亨

　大正4年に大正天皇の即位の大礼を挙行する際、儀装馬車を輸送するための宮内省所有の車運有蓋貨車として、同年に24輌が鉄道院大宮工場で製造された。

　当時既に米国では、馬車や自動車を輸送するために屋根が深く大きな出入口を有する有蓋貨車が実用化されており、本形式はこれを参考にして設計されたと考えられる。設計は、これも大礼用で馬匹輸送のため新製の有蓋車ワム19780（のちワム1）形と同じ大正3年に行われ、木製の横羽目式という車体構造や、車体長7,156mm、軸距3,962mmという寸法も同形式と共通である。台枠は当時一般的な、連環螺旋連結器に対応した中梁の細い構造で、走り装置はリンク式、車軸は基本7t軸、ブレーキ装置は車側制動機のみで、この構成もワム19780形と同じである。

　一方、積載する儀装馬車の寸法の関係から、最大幅・高さはワム19780形よりも大きく、屋根は車輌定規（車輌限界）ぎりぎりまで深くした独特の形態である。担ばねは客車用のものを用い、ばねの反りを小さくして床面高さを下げている。また馬車を妻面から積み卸

しするため、一方の妻面に木製の観音開きの扉が設けられた。積卸作業時以外は、この開扉の内側に車体補強用の2本の筋交いを取り付けるようにした。車体は鋼製の柱を屋根まで一体で曲げて作り、その表面に屋根板や側板を張った構造にして強度を持たせている。側面は新製当初は、両車端寄りに窓付きの外開き戸があり、側面の中央寄りに採光用のガラス窓を2個有する、いわゆるd11dの窓配置で、後年の形式図等に見られる改造後の形態とは全く異なっていた。更に、儀装馬車の漆塗りが湿気で変色しないよう、各窓の上下に通風孔とその覆いが設けられた。車内と床は木製で、馬車の車輪が乗る部分の床板には溝を切って車輪の案内となるようにした。馬車を貨車に積載した後は馬車をジャッキで持ち上げ車軸を馬車台の上に固定するので、これらの固定用具も車内に用意された。また側板内側には、馬車を固定する紐を通すための紐環が設けられた。更に、皇居と東京駅間、京都駅と御所間で天皇が乗車する「特別儀装馬車」を輸送するシワ117号車には、特別儀装馬車の屋根上に取り付けられる鳳凰の飾りを収めた箱を置く台や、護送者用の腰掛が車内に設けられた。なお荷重は全車とも無蓋とされた。

　馬車輸送は、大正4年10月28日から11月29日までの

■写真2. 大正大礼馬車輸送車シワ115形から有蓋車に改造されたワ21100形。この撮影時すでに番号標記がない。1960.7 鷲別機関区　P：星　良助

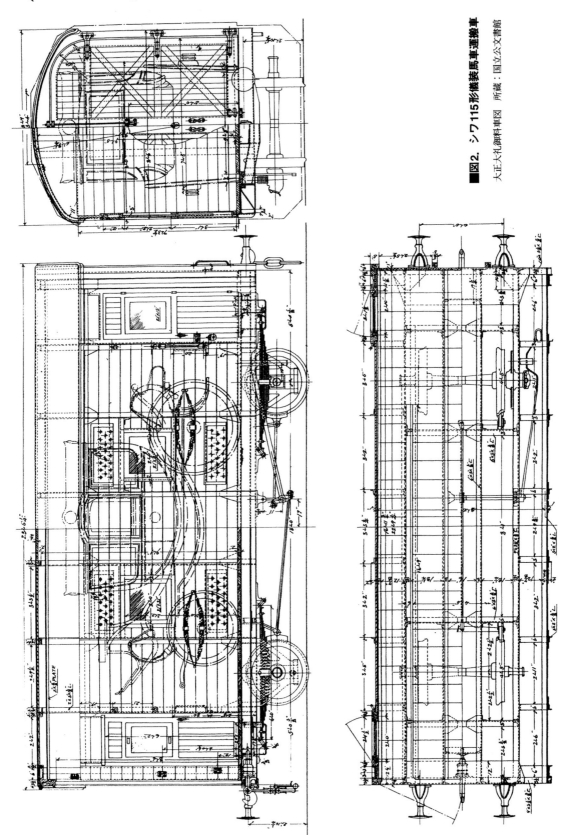

儀装馬車運搬車

■図2. シフ115形儀装馬車運搬車

大正大礼御料車図 所蔵：国立公文書館

11

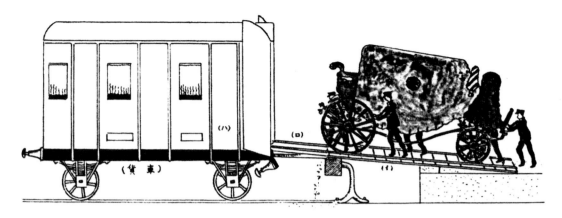

■図3. シワ115形　桟橋式装置による馬車積込み　　　　　　　大正大礼記録　所蔵：国立公文書館

間、汐留、名古屋、梅小路、および神宮・陵墓の最寄駅である山田、畝傍の各駅の間で行われた。特別儀装馬車は、天皇の行幸に合わせ11月6日汐留発・翌7日梅小路着、および27日梅小路発・28日汐留着のダイヤで、臨時急行貨物列車として輸送された。輸送列車は何れも、シワ115形1〜11輌と、有蓋車、無蓋車、有蓋緩急車、客車等によって編成された。馬車の積卸は、汐留、名古屋、梅小路の各駅では縦ホームに桟橋を設けて妻面から積み込む方法で行われた。山田、畝傍の両駅では、本形式の前に材木車を連結しておき、ホーム上からトラバーサを用いて馬車を材木車の上に載せてから本形式に積み込む方法が採られた。

　本形式は、大礼の翌年の大正5年度（一部は6年度の可能性あり）に宮内省から鉄道院に移管されたが、24輌のうち特別儀装馬車を輸送したシワ117号車を含む7輌は、宮内省の希望によりその後の行幸等の際にも馬車輸送に使えるよう車運車のまま残され、残る17輌は一般有蓋車に改造された。一方車運車として残った7輌も、側面の外開き戸と窓を撤去して有蓋車と同じ引戸が設けられ、荷重も13トンに定められてシワ100に形式が変更された。新設された側面の引戸は側板の内側に

あり、国鉄貨車としては珍しい形である。これは車体幅が既に限界一杯で、更に外側に引戸を設けることが不可能であったためと思われる。車軸は基本10t軸に交換され、担ばねやリンク釣もこの時に通常の貨車用のものに改造されたと思われる。一般有蓋車に改造された17輌は、上記の側面や下回りの改造と共に、妻の開扉も撤去されて13トン積みの有蓋貨車ワ19880形となり、昭和3年の改番ではシワ100形はク50形に、ワ19880形はワ21100形となった。

　昭和3年に行われた昭和天皇の即位大礼では、ク50形は劣化が激しく儀装馬車輸送には使えず、新たに鋼製のクム1形を製造したためク50形として残っていた7輌は全て昭和5年に妻の開扉を撤去して有蓋車に改造され、ワ21100形に統合されて本形式は消滅した。ワ21100形は大半が昭和20年代に廃車されたが、唯一ワ21106のみが35年まで在籍し、鷲別機関区の職員通勤用に使われた。また、ワ21115は23年に三井三池に払い下げられユト26になったとされるが、後年撮影されたユト26は全く別の形態であり、何れかの時点で現車が振り替えられたものと考えられる。

■表1. シワ115形車歴表

落成（24輌）	改造（T06）		改番（S03）	改造（S05）	廃車、払下
シワ115　　　　T04.7 大宮工	シワ115形のうち115、117〜120、126、128（7輌）	→ シワ100形 100〜106	ク50形 50〜56	→ ワ21100形 21117〜123	S35年度迄に全車廃車、但しワ21115（S23）→三井三池ユト26
シワ116〜122　T04.8 大宮工					
シワ123〜130　T04.9 大宮工	シワ115形のうち上記以外17輌	→ ワ19880形 19880〜896	ワ21100形 21100〜116		
シワ131〜138　T04.10 大宮工					

■写真3. クム1形3。

1－3 昭和大礼の馬車輸送車・クム1形

矢嶋 亨

　昭和3年に行われた昭和天皇の即位大礼で用いる儀装馬車の輸送用として、同年に27輌が鉄道省大井工場で製造された。当時、大正天皇の即位大礼に用いたシワ100（当初シワ115）形7輌が在籍しており、有蓋車に改造されていた17輌も含めて整備した上で即位大礼に再度用いる計画であったが、現車を調査したところ状態が悪く儀装馬車輸送には不適と判断されたため、新たに宮内省の所有車として製造されたのが本形式である。

　車体の構造は、改造後のシワ100形とほぼ同様で、屋根は深く丸みを帯びた形態で、一方の妻面に馬車を積卸しするための観音開き扉が設けられ、両側面には引戸がある。車体の柱も鋼製アングルをアーチ形に曲げて車体の柱と屋根の垂木とを兼ね、屋根中央で左右を継いである。シワ100形と異なる点は、当時量産されていた有蓋車ワム20000形と同様に鋼製車体となったことで、柱の外側に鋼製の側板を張り、内側には木の内張が設けられている。また引戸は鋼製の外吊式で、両側とも向かって右に開く。妻の開扉も鋼製で、引戸と共に内張は特に設けていない。開扉の内側には折り畳み式の筋違棒を取り付けられるようになっており、開扉を使用する時以外は筋違棒を一方の側柱の上部から他方の側柱の下部に交互に斜めに張って妻板を補強する。また換気用の通風孔は本形式では、妻板上部と、妻の開扉の上方に設けられている。

　台枠は自動連結器に対応した中梁の太い平形台枠で、側梁は当時の標準である高さ150mmのチャンネル鋼である。走り装置は1段リンク式、車軸は12t長軸、ブレーキ装置は空気制動機と車側制動機という、当時の有蓋車として一般的な構造である。

　馬車の積卸は、連結器を設けた専用の縦ホームを積卸駅に設置し、本形式1輌につき馬車1輌ずつを妻面の観音開き扉から積み込んだ。積載する馬車は、6頭立で屋根に鳳凰の飾りのある特別御料儀装車、4頭立の御料儀装車、2頭立の座駁式御料儀装車、儀装車、御料普通車の計5種類があり、それぞれ馬車の寸法等が異なるため、それを固定するための馬車台やジャッキ等の器具も別々のものが必要であった。そのため本形式は1輌毎に積載する馬車の種類が定められ、専用の器具が備えられた。特に特別御料儀装車は高さが大きく、積載時は鳳凰の飾りを取り外すと共に車輪を径の小さいものに取り替える必要があったので、特別御料儀装車を積載する本形式のトップナンバー車には、鳳凰箱台や、取り外した車輪を固定するための車輪止めといった特別の装備が設けられた。

　馬車輸送は、即位大礼や大嘗祭の行われた昭和3年11月3日から29日にかけて行われ、馬車の積卸は東京では汐留駅、京都では梅小路駅に専用の縦ホームを設置して行った。また同期間中には離宮のある名古屋駅、伊勢神宮に近い山田駅や、陵墓参拝のため畝傍駅、桃山駅、浅川駅でも天皇が乗降するので、これら各駅にも縦ホームを設置して積卸しを行った。大正大礼のとき

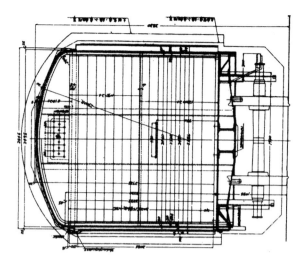

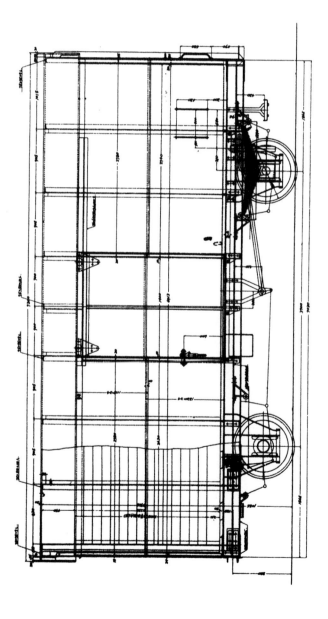

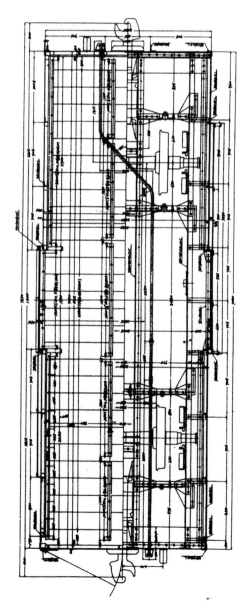

■図4. ワム1形
所蔵：宮坂達也

■写真4.
クム1形・妻扉開放した状態。
P：『昭和大礼記録』より

に一部の駅で行われたトラバーサーによる積み込み方法は、昭和の大礼では採用されていない。馬車を輸送する列車は大半が臨時列車で、本形式と、馬匹や雑品を積載する有蓋車、自動車や儀装馬車以外の馬車を積載する無蓋車、駆者や騎馬兵等の付添人が乗車する客車、および車掌車で編成され、一部の列車には定期列車として一般貨車も連結された。また馬車輸送に先立

つ10月23、24日には、御神体である賢所を運ぶ御羽車（神輿）を名古屋および梅小路へ輸送するために本形式が用いられた。

大礼輸送終了後、本形式は昭和4年に鉄道省に移管され東京鉄道局に配置されていたが、7年に共通運用となり有蓋車代用で用いられた。また、昭和6年に1輌が活魚車ナ1形式に改造され、次いで7年と10年に各5輌ず

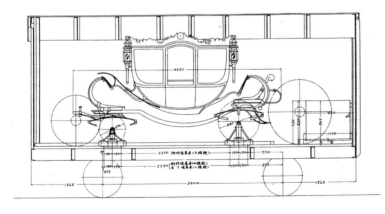

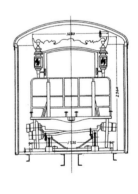

■図5. クム1形車内設備
昭和大礼記録

15

■写真5.
クム1形10・妻扉側。職用車に
改造され窓付きとなっている。
　　1960.5　田端　P：豊永泰太郎

■写真6.
クム1形10・妻扉と反対側。有
蓋車代用として運用中。
　　1955.2　P：鈴木靖人

つがナ10形に改造された。残りは戦後まで在籍し、一
般の有蓋車の代用として用いられた。珍しい輸送とし
て、動物園の象を運ぶのに本形式を用い、妻の開扉か
ら象を載せたという記録がある。本形式は昭和35年ま
でに大半が廃車となり、クム10、13の2輌のみが、34年

頃に既にバラスト交換列車の電源車代用に改造されて
いたため残された。この2輌も昭和40年に、実態に合わ
せるように職用車ヤ50形に形式変更されて本形式は消
滅した。

■表2. クム1形車歴表

落成 27輌			改造 改番		廃車、払下
クム1～16	S03.8	大井工	クム10、13	→S40　ヤ50、51	
クム17～27	S03.9	大井工	クム17～21	→S10　ナ15～19	改造車を含めS45年度迄に全車廃車
			クム22～26	→S07　ナ10～14	但しナ12、13（S36）→岡山臨港鉄道ワ1501、1502
			クム27	→S06　ナ1	

■写真7. 乗用車を積んだトラ編成。シートに「ダットサン」のロゴが入っている。　　　　1959年頃　所蔵：物流博物館

自動車を貨車輸送する場合、昭和30年代までは無蓋車に1～2台を積載し、タイヤ等に木材を当てて転動防止を施し、その都度運転上の検査を受けてから輸送が行われていた。従って積載効率が悪く付帯経費もかさむ上、手続きも煩瑣であり、新車の輸送には冬期陸上輸送の手段のない一部地域向に利用される程度で、大部分は自走、トレーラ、船舶による輸送であった。

しかしその後、道路事情の悪化や輸送要員の不足などから、一部メーカーでは自社の特定車種のみを対象として設計した専用貨車の製作を検討するようになった。

そして実現したのがここに記載する4種類の私有貨車、及び1種類の物適改造貨車である。これらの貨車は荷役方式が複雑で積卸しに時間がかかること、積載車のモデルチェンジの都度改造を必要とすること、などから所期の効果はあがらず、いずれも中途半端なものに終ってしまった。

■図6. ト車へのオート三輪車積付図　　所蔵：渡辺一策

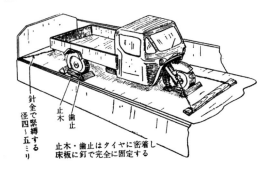

針金で緊縛する
径四～五ミリ
止木
歯止
止木・歯止はタイヤに密着し
床板に釘で完全に固定する

2－1　シム1000形→クム1000形
吉田耕治

昭和37年8月、日車本店で製作された日本初の新車輸送用私有貨車である。所有者はトヨタ自動車販売であった。

従来汎用無蓋車積でコストが高くついた新車の貨車輸送を、専用貨車を用いた大量輸送でコスト低減することが検討されるようになり、その第一号として本形式が企画された。開発には、メーカーである日車にトヨタ自動車販売、国鉄が協力した。

積荷はトヨタパブリカで、昭和30年に通商産業省が発表した国民車構想を受けて開発された小型乗用車であり、パブリックカーがその名の由来である。

車体の下回りは、ワム60000形で確立された軽量平形台枠と2段リンク式走り装置の組合わせで，当時の標準的なものであるが、上回りはそれまで類を見ない特異なものとなった。すなわち、パブリカを前後2区画に下段2列、上段1列ずつレール方向に積載するためのヤグラが設けられた。荷役はあらかじめ地上で車をパレットに固定しておき、クレーン等でこのパレットをヤグラに搭載、緊締することによる。なお、パレットは荷役用具として荷重に含まれていた。

メーカー落成時にはトヨタ自工専用線があった名古屋鉄道土橋駅が常備駅として標記されていたが、車籍編入時に常備駅は刈谷に変更されている。これは社線

17

荷役中のシム1000形。
所蔵：渡辺一策

■写真8. シム1000形1000。

1963.1 芝浦 P:鈴木靖人

内のため認可が遅れたことによるものであり、実際の
発送駅は土橋である。運用は昭和38年1月に土橋→芝浦
のルートで開始された。

　本形式ではクレーンを必要とするなど荷役に手間が
かかる点は如何ともし難く、また、私鉄線内からの発
送という点も効率上問題があり、活躍の期間は短かっ
た。他の自動車輸送用シムと同様、昭和40年12月に車
運車「クム」に改められたものの、量産車が出現する
ことなく昭和43年11月に廃車された。

2－2 シム2000形→クム2000形
宮坂達也

　ダイハツ工業所有の私有車運車で、シム1000形に続
く自動車輸送用大物車として2番目の形式である。昭和
38年に日車本店で1ロット30輛が製造された。40年の車
運車への車種変更でクム2000形となった。

　ダイハツ工業池田工場が生産する自家用車は年間約
1万台であったが、専用船や自動車陸送が大半で、貨

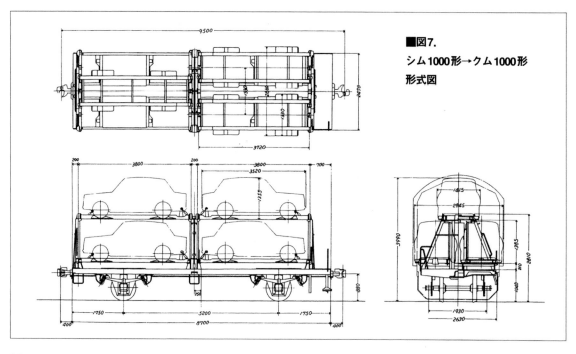

■図7.
シム1000形→クム1000形
形式図

■写真9. シム2000形編成の列車。　　　　　　　　　　　　　　　　　　　　川西池田　所蔵：渡辺一策

車による鉄道輸送はコストが割高なことからわずか500台にとどまっていた。しかし貨車に数台の自動車を効率よく積載して安全に大量輸送を行えば、輸送コスト削減が図られるため、ダイハツ工業と国鉄大阪鉄道管理局、日本通運、日車で共同開発されたのが本形式である。

シム1000形では荷役機械を要したために試作にとどまった教訓から、自動車荷役の合理化を図った構造を採用した。台枠の上に、自動車を積むための3種のテーブル、偏心ターンテーブル・固定テーブル・折りたたみテーブルを搭載し、各テーブル間は緩衝ゴム付き締付け金具で互いに連結されていた。台枠はワラ1形を基本にした軽量設計で自重約8トンに収めた。また車端衝撃が自動車に伝達されないよう、台枠とテーブルの間には緩衝用ゴムばねを用いていた。

軽自動車のハイゼットは横向きに6台、小形乗用車コンパーノは線路方向に4台積載でき、ハイゼット3台＋コンパーノ2台という混載もできた。ターンテーブルはコンパーノ積込み・積卸し時のみ回転させ、ハイゼットの際には固定されていた。積込みは自動車を自走させ15分で終了できた。テーブル上にタイヤガイドが設けられ、自動車とテーブルを固定する緊締金具

■写真10. シム2000形2012。　　　　　　　　　　　　　　　　　　　　　　　　　　所蔵：渡辺一策

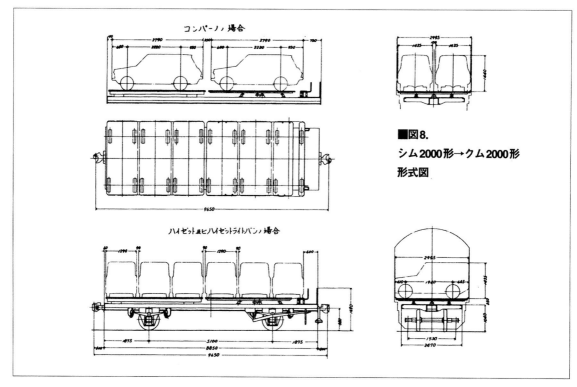

コンパーノノ場合

3790 600 2220 930 390 600 3790 2220 930 790

2995 1425 1425 1660

9650

■図8.
シム2000形→クム2000形
形式図

ハイゼット及ヒハイゼットライトバンノ場合

40 1290 90 1290 90 600

1875 5100 1875
8850
9650

2995
440 1940 485
1930
2470

は自動車の後輪2箇所、前軸中央部1箇所の計3箇所に設けられた。荷重はコンパーノ4台で3.0トン、最も重いハイゼットバン6台でも3.54トン止まりであった。

契約種別は濶大貨物用大物車と同様「甲号の1」となり、緊締金具の保守については特殊部品のため車輌メーカー持ちとされた。車籍編入は2000～2009が昭和38年10月29日、2010～2029が同11月30日で常備駅は川西池田であった。福知山線ではシム2000形による専用列車も運転され、運転初日の富山行では出発式も挙行されている。主として道路事情が悪かった北陸・東北向けで、発送先は上田・金沢・新潟・仙台等で、月5～6回の回転率であったという。試作に終ったシム1000

形に対し一応の成功作であり、日車ではパンフレットも制作し、PRにこれ務めている。同社パンフではテ

■写真11.
シム2000形緊締装置。緊蹄金具は、タイヤのバネつりを引っかけて固定するターンバックル式のもので、上下動を抑えるスクリュウジャッキも併用された。
所蔵：渡辺一策

■写真12.
シム2000形2015。
1964.9 米子　P：豊永泰太郎

ーブルの改造により、自動車のモデルチェンジ対応も容易とされた。

昭和40年12月1日の車運車への車種変更に際しクム2000形、クム2000〜2029となった。41年9月に国鉄北伊丹駅に専用線、積込み場が完成して常備駅も同駅に移ったが、同年10月にはク5000形が川西池田を発送基地として輸送を開始したので、その後は補助的な使用となった。一方モデルチェンジに伴い緊締装置の改造を39〜43年に3回行ったが、これに費用がかかる難点もあり、45年6月以降は使用を中止されてしまった。

そのような中、昭和47年初頭、ダイハツの前橋と西宮の2工場間で、生産機種調整のため軽自動車フェローマックス、ハイゼットバン2車種の交換輸送が必要となったが、自動車の寸法上ク5000形での輸送には適さず、船舶輸送も検討された。そこでダイハツは休車クムの有効活用を企図し日車・鷹取工場で検討の結果、鷹取工場において同年、クム2004に対し試験的に改造が実施された。改造内容はテーブルを撤去し長手方向のI形鋼の上に溝形鋼のタイヤガイドを横手に配して上記車種を5台横積み専用にするもので、緊締金具は当該車種からサスペンションがコイルばねに変わったため、ばねではなくタイヤを金具で固定する方式に変更された。改造後の測定自重は7.7トン。7月に打当試験が行われた結果、残りの全車も鷹取工場で改造することになり、12月付で私有貨車改造申請まで提出された。ところが、福知山線の線増計画により、北伊丹駅の専用線契約途中解除が決定され、ダイハツは昭和50年3月に改造計画を断念し、申請を取り下げてしまった。

2－3 シム3000形→クム3000形
筒井俊之

昭和40年2、3月に三菱で10輌製作された15トン積大物車である。同年12月1日付けで「車運車」が車種復活したのに伴い、番号はそのままでクム3000形に改形式された。

三菱重工(株)(現三菱自動車(株)である自動車部門)では昭和36年3月に軽ライトバン「三菱360」、37年10月にそれの乗用車版である「ミニカ」を新発売したが、このころ、軽自動車の販売が爆発的に成長した時期であり、これらの鉄道輸送専用車として企画された。

車体は上下2段積みで、2階には車長方向に3台、1階には車幅方向に6台の計9台の軽自動車を積載した。自動車はホーム又は地上から渡り板で自走で乗る。2階への搭載のため、2階中央部が1階でターンできるテーブルを備えたエレベータになっている。このエレベータの上下は四隅の油圧シリンダとローラチェー

■写真13. クム3000形3000。　　　　水島　所蔵：筒井俊之

シム1000〜3000形が登場したのとほぼ同じ頃、富士重工業でも同社の軽自動車スバルを群馬製作所から鉄道輸送するための私有貨車を計画していた。実現しなかったその車輌の図面があるのでここにご紹介する。

シム3000形と同じ全長10100mmで上下2段積の2軸車であるが、2階に当る床板が全面昇降する揚床式になっていることが特長である。このため2階と1階(台枠)は同面積であり、それぞれ6台のスバルを横向きに積むことができる。揚床の昇降操作は鋼管製の側柱に内蔵したチェーンとスプロケットにより、動力源は電動機とする構想であった。自重概算11.5トン、荷重はスバル12台で4.6トンとされている。

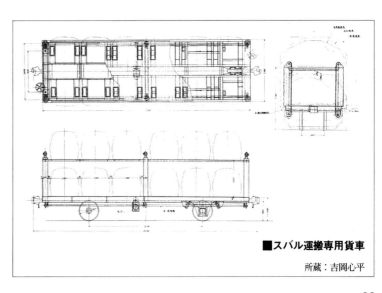

■スバル運搬専用貨車

所蔵：吉岡心平

■写真14. クム3000形3000。　　　　　　　　　　　　　　　　　　1968.5　姫路操　P：堀井純一

ン・スプロケットによっており、油圧源として床下に小型のガソリンエンジンと油圧ポンプを装備していた。

搭載自動車は、四輪ともタイヤ止で移動防止された上、タイヤ変形への影響を無くすため車体を前後共ジャッキアップした状態でターンバックルにて車体下部が緊締されていた。

下回りは、台枠長が9,300mmもあり、2軸車ではコラ1形に次ぐ大きさである。当初から2段リンクを備えていた。

所有者は三菱重工業(株)で、常備駅は同社の水島自動車製作所最寄である倉敷市交通局(当時、現水島臨海鉄道)の水島駅であり、同地から志免・沼垂への輸送に運用されていた。しかし、翌41年には国鉄開発の汎用車運車であるク5000形による輸送に切り替えられてしまう。

昭和42年3月に所有者は同社の販売部門である三菱自動車販売(株)となるが、市中の2段駐車場を思わせる2階への搭載方法が災いして、新製から5年余後の昭和45年6月に全車一斉に廃車となった。

コラム2: 私有車運車荷重標記の謎

車輌ファンであれば誰でも関心を持つ現車標記記号、貨車の場合は車種記号の後に荷重記号(記号なし13トン以下、「ム」14〜16トン、「ラ」17〜19トン、「サ」20〜24トン、「キ」25トン以上)が付けられている。

ところが私有車運車初期に現れたクム1000、2000、3000の各形式はその後のク300形、また国鉄籍ク5000形と比較し明らかに積載量が少ないのに「ム」記号標記なのはなぜだろうか？

国鉄の車扱貨物の運賃は一般に貨車の標記荷重トン数に基づいて計算され

てきたのだが、私有貨車で液体アンモニア専用のタ520形(荷重5トン、自重15.4トン)や液化エチレン専用のタ300形(荷重6トン、自重44トン)のような極端に低荷重で輸送原価高となる車輌が現れ、貨物営業上問題視されるようになった。

この議論がちょうど新登場した私有車運車にも波及し、実荷重の小さいこれら3形式のクムは運賃計算補整のため標記上荷重15トンとして扱うことにしたというのが上記設問の解答である。

クム2000を例にとると標記荷重15ト

ンで4トン減トン(割引)扱いとされ11トン分の運賃を収受した。このように初め各形式個別に運賃計算方が指定されたが、ク5000形が登場した昭和41年、「高圧タンク車等に積載された貨物の運賃計算トン数の特定」という国鉄公示で車運車も含め一括制定され、原価高問題は一件落着した。

しかしこのとき、実際と異なる車運車各形式の荷重記号、荷重標記トン数とも一切書き替えはされず、これら標記は全く無意味な存在となってしまったのである。

■新車輸送用車運車　荷重関連一覧表

形　式	積載台数	実荷重	標記荷重	昭和41年公示152号による運賃計算トン数	自重
クム1000	普通車6台	約6t(パレット共)	15t	12t	7.5t
クム2000	普通車4台	約3.5t	15t	12t	8.0t
	軽四輪6台				
クム3000	軽四輪9台	約4.6t	15t	14t	10.6t
ク　300	普通車12台	約11.5t→8t	12t→8t	24t	約20t
ク　5000	大型車8台	約10t	12t	26t	約22t
	普通車10台				
	軽四輪12台				

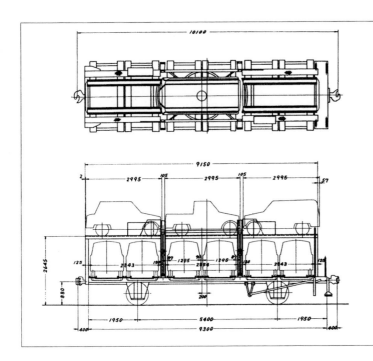

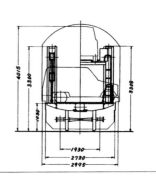

■図9.
シム3000形→クム3000形
形式図

2－4 ク300形

佐竹洋一

　日産自動車所有の私有車運車で、開発段階ではシ300形大物車とされていたが、デビュー直前に「ク」の設定が復活したため、数字はそのままでク300形を名乗ることになった。シム1000形から続く自動車輸送用の私有車運車の第4弾で、それまでの経験を活かした意欲作であったが、製造輌数は試作的な2輌に留まった。しかもその2輌は昭和40年12月に東急で300、翌41年2月に日車支店で301が製造されたが、荷役のための構造が大きく異なっていた。

　積荷は日産の代表的な小型乗用車だったブルーバードで、昭和38年から2代目の410型が発売されていた。410型は同社初のモノコック構造で、4灯式ヘッドライトやテール下がりの欧州的デザインが話題になった。

排気量は後にアップされるが1000ccと1200ccの設定があり、1200ccデラックスでもカタログ値で全長3,995mm、全幅1,490mm、全高1,415mm、重量915kgと現在のこのクラス乗用車に比べればかなり小さい。普通車でもこの小柄さゆえ、2階建ての車体に上段1列4台、下段2列8台の計12台の積載が可能となったのであろう。

　300の台枠は魚腹形側梁で、中央部の柱を境に上下段テーブルとも前後に分割されていた。上段テーブルの一端を荷役時に降下させるために、昇降装置をこの柱部分に備えていた。下段テーブルは単体で、上段テーブルは降下時に下段テーブルとともに、車端側を回転中心として側面側の荷役用ホームへ引き出すことができる構造になっていた。台車は唯一となるTR41C－1で、積載荷重が小さいため枕バネが親バネのみで子バネがない。なお、手ブレーキが両端点対称に備えられていた。

■写真15. ク300形300。サニー用に改造後の姿である。

1968.11　大船　P：堀井純一

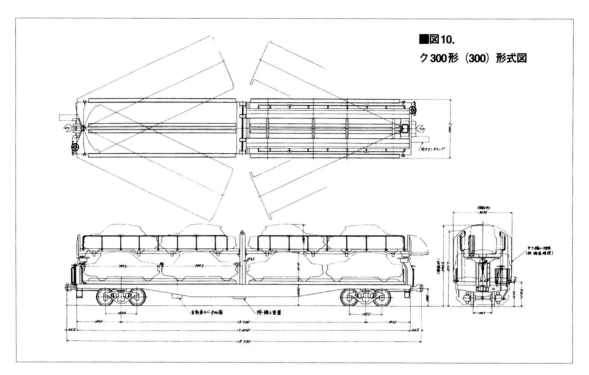

■図10.
ク300形（300）形式図

　一方、平台枠の301は、スパンの長い上段テーブルはガーダー構造となっており、一端を上下左右に回転可能な十字継手で支持され、他端には昇降装置が備えられていた。なお、下段のテーブルは前後に分割され、側面側に引き出す構造は300と同じであるが、前後とも上段テーブルの十字継手のある側に回転軸があり、昇降装置側のテーブルは降下した上段テーブルの移動にも使用される。300と同様に特殊な台車は、枕バネが一重コイルバネとオイルダンパのTR41D－1で、後に改造で登場するTR41D－1とは別物である。また、ブレーキ装置は300と異なり側ブレーキであった。

　昇降装置は2輌とも電動のチェーン方式で、動力源として交流100V用の電源プラグを備えていた。

　300、301ともに上部テーブル端には、連結時に荷役を迅速に行えるよう、隣接車輌へ自動車が自走できる渡り板を設けていたが、300が点対称位置に片側ずつ、301は昇降装置側に両側分あり、この点でも統一されていなかった。

　2輌とも新興駅常備とされていたが、追浜工場で生産された自動車を発送するため、横須賀駅を基地としていた。昭和40年12月に宮城野を皮切りに始められた試験輸送は、東北、北陸方面を中心に行われたようである。昭和43年2月には、2年前から発売された同社の主力大衆車サニー（初代B10型）の積載に変更、サイズを合わせるためタイヤガイド、緊縮装置、タイヤ止などが改造されたほか、荷重は12トンから8トンに改められた。しかし、その後ク5000形の普及により不要となったようで、昭和47年3月に廃車された。

■写真16. ク300形301。

所蔵：渡辺一策

26

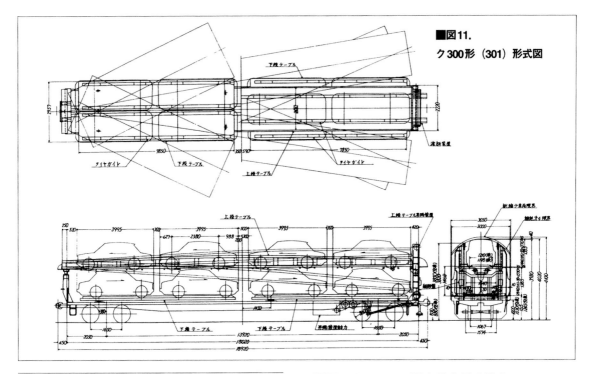

■図11.
ク300形（301）形式図

2−5 トラ30000形
自動車用改造車 　　渡辺一策

　東洋工業の新車輸送のため、国鉄広島工場が昭和42年トラ30000形から改造した、いわゆる物資別適合改造貨車の1例である。改造は種車のアオリ戸、妻構、及び床板を撤去、アオリ戸受バネ、側柱受下部も取り除き、自動車積載用に前位には固定テーブルを、後位には回転式テーブルを取り付けた。

　荷役は貨物ホームより自走で行い、軽自動車キャロルは横位置で6台、小型車ファミリアならテーブルを回転させ縦位置で4台を積載した。その他ボンゴ、B360トラック、ルーチェ等も混載できるようになっていた。積荷の緊締は各テーブルにある緊締金具によって行う方式であった。

■図12.トラ30000形自動車用改造車　所蔵：渡辺一策

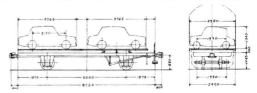

　構造、要目とも昭和38年製造、ダイハツ私有のシム2000形に類似しており、そのイミテーションとみることができる。改造数は3輌で残念ながら番号は特定されていない。

　本車が運用を開始したのは昭和42年5月であるが、すでに同年4月からク5000形による広島→籠原間のマツダ車輸送は始まっており、その補助役として広島→鳥取、浜田など山陰方面へのルートに昭和48年までは使われていた記録が残っている。

■写真17. トラ30000形自動車用改造車。
広島工場十年のあゆみ（阿部貴幸提供）

■写真18. トラ30000形自動車用改造車。荷役中の様子。
広島工場十年のあゆみ（阿部貴幸提供）

自動車輸送のメインルートであった東海道線をゆくク5000形返送空車列車。
1968.11.23　山崎—高槻　P：篠原　丞

昭和40年ごろ、わが国で生産される自動車は年々増加の一途をたどっており、各メーカーから全国各地に新車が送られていた訳であるが、鉄道による輸送は前章で述べた数社の私有貨車が存在するだけで、極めて少ないのが実状であった。そこで国鉄としては既存私有貨車の問題点を根本的に解決した新しい貨車を開発し自動車輸送の定型化を図ることとし、ここに自動車専用貨車ク5000形が誕生したのである。

本章では国鉄が計画した物資別輸送の中で最も成功を収め、日本の貨車史上特筆に価する車輌となったク5000形の誕生から終焉までをできるだけ詳しく記述し、また関連する他形式や付帯する運用、輸送などについても併せて解説することとする。

3－1　シム10000形の計画

渡辺一策

昭和40年といえばちょうど国鉄の貨物輸送近代化計画、すなわち、拠点駅間110km/h高速輸送体系の確立と輸送物資に適合した貨車の開発という課題が進められていた年代であり、その一環として、自動車専用高速貨車シム10000形の設計が行われたのである。

既に昭和39年、最初の110km/h走行有蓋車ワキ10000形1号車が試作されており、シム10000形はそのコンテナ車版チキ（後のコキ）10000形とともに40年度製作の予定となった。

本形式は各種乗用車を上下段に2段積みし自走によって積卸しを行うという基本構造は後のク5000形と同様であるが、その輸送には東京、大阪、名古屋、広島など大都市貨物駅にモータープールを設け相互間に自動車専用高速列車を運転する構想で、できるだけ多くの

台数を積み一定線区を限定して運用することとし、車長22.2m、自動車1900cc級8台、1500cc級10台、360cc級12台積の長大貨車として計画されていた。

しかしこのような長大貨車は連結器の首振り量の点で連結する相手車種が制限される、あるいは台車中心距離が長いため分岐器通過に信号保安設備の改良を要する、などいろいろな制約が多く、将来多方面に運用されるであろうこの種貨車には適当ではないとの結論に至った。そして車長を短くして運用上の制限をなくし、同時に運転速度も一般の特急貨物列車の85km/hとしたク9000形へと計画が変更され、シム10000は図面のみ残る幻の形式に終ってしまった。

3－2　ク9000形の試作

吉岡心平・渡辺一策

国鉄が計画した自動車輸送は各自動車メーカーの私有貨車のように積載自動車の車種を限定せず、国内のあらゆるメーカーの乗用車が積載でき、それによって往復で異なる種類の車を輸送し運用効率を改善することが基本であった。これに基づきメーカーの意向や流動及び市場動向の調査を行うなど国鉄各部門が一体となって研究を重ねた結果、昭和41年3月ク9000形2輌が試作車として完成した。

シム10000形の計画を経て最終的にまとまった本形式は自動車を上、下段に1列積、積載台数は1200～1900cc級8台、800～1000cc級10台、軽四輪車12台となり当初の計画に比し1200～1500cc級の積載が10台から8台に減少した。

車体は全鋼製、全溶接で台枠、柱、上部荷台によってトラスを形づくり、歪みに耐えるラーメン構造とな

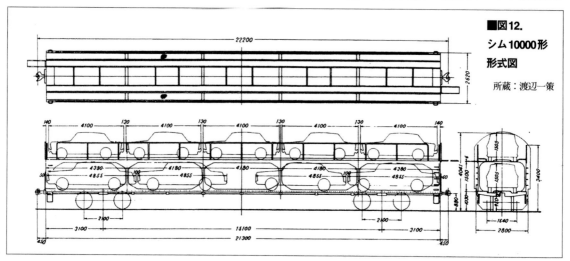

■図12.
シム10000形
形式図

所蔵：渡辺一策

■写真19.
ク9000形9000。
所蔵：吉岡心平

っている。

　自動車の積卸しは私有貨車のような特殊な設備でなく斜路を備えた専用積卸装置を介して自走により行う簡易な方式とし、隣接する車輌へは車端の渡り板を使って移動して行く。これにより長編成の専用列車でも末端から連続して積卸しができ、荷役が非常に効率化された。

　上下段床面には自動車のタイヤガイドレールとその外側に歩み板がありガイドレールは車幅の異なる各車種に適合するよう断面幅を大きくとっている。自動車の固定はそれまでの私有貨車のように強固とはせず、単に移動を止める程度の緊締金具を貨車床上の細孔にはめるものとし、そのため「突放禁止」の扱いとされた。緊締金具は1タイヤ当り1個を要し1輌当り48個を備え、台枠中梁間のスペースにその収納箱8個が取付けられている。

　台車は最高速度85km/h対応のためコキ5500形用

TR63Bの枕バネ、オイルダンパを小荷重用に変更したTR63Cが採用された。ブレーキ装置はコキ5500と同様のA弁であるがコキ車のように積、空の重量差が大きくないので積空ブレーキは付いていない。突放禁止扱いのため留置用手ブレーキを車体片側に設けた。車体色には修学旅行用電車や気動車腰張りと同色の朱色3号が採用され、貨車としては画期的な派手な塗装となった。

　試作された2輌のク9000形は昭和41年4〜6月鉄道技研内での打当試験、東海道線での走行試験、また各地貨物駅で自動車メーカー対象の展示会等が行われ、41年度量産の体制が決定、形式もク5000と改められた。一方試験輸送に関してはプリンス自動車（41年8月日産と合併）及び三菱重工の協力を得て41年7月6日から東小金井〜笠寺間を下りはプリンス（村山工場製プリンス・スカイラインなど）、上りは三菱（名古屋工場製コルトなど）の乗用車を積載して1日相互に1輌の営業輸送がスタートしたのである。

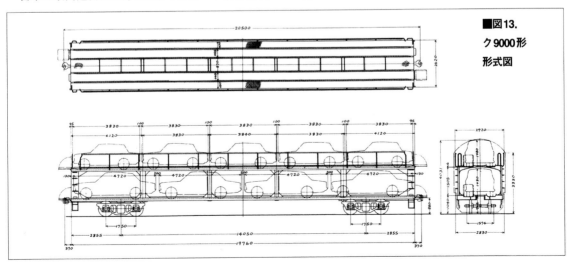

■図13.
ク9000形
形式図

ED71重連牽引のク5000形編成仙台港行自動車専用列車。
1981.4.22　大河原―船岡　P：諸河　久

3－3 ク5000形の量産と自動車専用＜アロー号＞

吉岡心平・渡辺一策

試作車2輌による昭和41年9月までの試験輸送の結果をうけ、いよいよ41年10月ダイヤ改正からク5000形量産車が登場し本格的輸送が開始されることになった。

そして以後、本形式による自動車輸送は各自動車メーカーに競って取り入れられ僅か数年の間に総計932輌に達するという驚異的な伸びを示し、マスコミにも「図に当った国鉄新商法」と持ち上げられるほど物資別貨物輸送中の花形として君臨するに至ったのである。

以下年代順に車輌構造の変化と輸送状況を述べることとする。

（1）昭和41年10月正式輸送の開始

初期量産車ク5002〜5021の20輌が製作され運用区間も大阪まで拡大し、本格的輸送が始められた。

この20輌の車輌構造は基本的に試作車に準ずるが、別項（41頁コラム3）にあるように車体汚染防止に「自動車用シート」を使用することにしたため、その格納箱を両側面床下に取付けたことが大きな変化である。

箱寸法は幅2620mm、奥行850mmであった。なお試作の2輌も後に同じ格納箱が追加されている。

また、台枠廻りの工作を容易にするため、下段のタイヤ案内高さを試作車より30mm高くレール面上995mmとした。下廻りは試作車と同一であり、Aブレーキ弁を装備し、手ブレーキハンドルも片側にしかなかったが、後に両側に改造された。

本輸送開始時点で新たに加わった荷主自動車メーカーはトヨタ、ダイハツ、富士重工、いすゞの各社、新規の運用は横須賀〜百済、籠原〜川西池田間など6区間でそのうち4区間は往復積車輸送である。ク5000形は1運用に1〜2車を使用し、全22輌の常備駅別輌数は東小金井（6）、笠寺（7）、百済（9）であった。

（2）昭和42年輸送の拡大とアロー号の誕生

ク5000形自動車輸送開始翌年の昭和42年は2月から10月にかけ水島、広島、志免、宮城野、沼垂、金沢など全国主要駅に自動車基地が続々と開設され、自動車メーカーは東洋工業、ホンダ、スズキ、愛知機械の各社が新規に輸送を開始、これで全自動車メーカーが参入を果した。3月からはク5000だけの編成による専用特

■写真20．ク5000形5020。
1968.4　大船　P：堀井純一

■写真21．ク5000形5249。台枠側面に運用票板付。
1974.8　黒磯　P：豊永泰太郎

■写真22. ク5000形5033妻面。　　　　　所蔵：渡辺一策

■写真23. 車端渡り板による隣接車輌への移動。　所蔵：渡辺一策

急列車も運転開始され全国メインルートを自動車専用特急で結ぶという当初の構想がわずか半年で実現したのである。

このため同年9月までにク5000形第2次量産車ク5022〜5361の340輌が新製投入された。

このグループの変更点で最も目立つのはシート収納箱の容積拡大である。1位側は幅は従来のままで奥行を250mm増加し、4位側は奥行はそのままで幅を400mm広げた。このためシート収納箱の形状は両側面で異なるものとなった。またク5061までの車輌は下段床面の一部が開放されていたが、5062番以降はブレーキ鉄粉の吹上げ付着を防止するためこの隙間を全部塞いでいる。後にこれ以前の本形式車もすべて遡及して改造された。

ブレーキ弁は通常の貨車用であるK弁に戻され、手ブレーキハンドルは両側配置となった。そのほか台枠側面には「運用票板」が新設された。

第2次量産車はとくに7月1日のダイヤ改正時に一挙に200輌が集中増備され、片道輸送になる東北、北陸地区でも輸送が始まった。メインルートである東京〜九州地区間ではク5000形18〜19輌編成の専用特急列車が3往復となりその愛称を＜アロー＞と命名、＜アロー＞

1号から6号までが誕生した。＜アロー＞号はさらに輸送需要の急増をうけ10月に1往復が増強されており、同月現在＜アロー＞8号までの列車時刻を表3.に示す（アロー号は後に急行となる）。

その後12月には北海道内西埠頭（苫小牧港開発）－旭川間にも輸送ルート新設され、昭和42年は全国で年間約25万台の乗用車がク5000形で運ばれている。

■表3. 自動車専用特急列車等時刻表　　　　（S 42.10現在）

列車番号	愛称名	発着駅名				
		新鶴見	大船	笠寺	百済	香椎
5051	アロー1号		16:56	→	7:06	
5052	アロー2号	3:24	←	←	12:46	
5053	アロー3号	21:17	→	→	11:35	
5054	アロー4号	7:21	←	←	15:45	
5055	アロー5号	22:09	→	6:25		
5056	アロー6号	22:02	←	14:34		
5057	アロー7号			16:20	→	10:35
5058	アロー8号			12:43	←	16:49
1065-1075	急貨	19:10	→	→	→	5:08
9068	臨貨	21:08	←	←	←	11:40

■写真24. ク5000形5341・上段は軽自動車6台積。　　　　　1978.12　倉賀野　P：渡辺一策

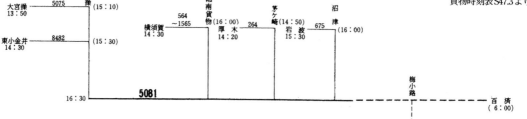

■図14．＜アロー＞号輸送図表の一例（5081レ）

貨物時刻表S47.3より

（図中表記）
新鶴見操 (15：10)
大宮操 13：50 — 5075
東小金井 14：30 — 8482 (15：30)
横須賀 14：30 — 564～1565
湘南貨物 (16：00)
厚木 14：20 — 264
茅ヶ崎 (14：50)
岩波 15：30 — 675
沼津 (16：00)
16：30 **5081**
梅小路 (6：00)
百済
600 — 365 — 二条 (6：10)

■表4．自動車専用急行貨物列車＜アロー＞号一覧表 （S47.3現在）

列車番号	運転区間	発着駅以外の主な利用基地
7071	新鶴見操～志免	小金井、東小金井、横須賀、厚木
7073	北野桝塚～志免	西浜松、笠寺、熊本
5075	大宮操～岡山操	倉賀野、岩波、西岡山
5077	北野桝塚～岡山操	笠寺、西岡山、東広島
5081	新鶴見操～百済	大宮操、横須賀、厚木
7082-7083	高崎操～百済	東小金井、横須賀、川西池田
5085	北野桝塚～百済	川西池田
5087	北野桝塚～梅小路	湘南貨物、二条
7089	塩浜操～笠寺	横須賀、厚木
5091	新鶴見操～笠寺	東小金井、横須賀、厚木、岩波
5093	沼津～笠寺	岩波、志免
5095	北野桝塚～金沢	笠寺、南松本
7070	志免～沼津	熊本、岩波
7072	志免～北野桝塚	
5074	岡山操～新鶴見操	東広島、北野桝塚、岩波、大宮操
5080	百済～北野桝塚	二条
5082	百済～北野桝塚	兵庫
7084	百済～西浜松	二条、北野桝塚、岩波
5086	川西池田～新鶴見操	二条、北野桝塚、厚木、本牧埠頭
5088	北野桝塚～塩浜操	
5090	北野桝塚～塩浜操	本牧埠頭
5092	北野桝塚～大宮操	笠寺、岩波、沼垂、倉賀野
5094	金沢～北野桝塚	
7099	茅ヶ崎～宮城野	厚木、本牧埠頭
7094	宮城野～茅ヶ崎	厚木

・この時点で自動車専用85km/h急行列車は一括して＜アロー＞号とされ、No.標示はない
・編成はいずれもク5000形 最長20輌＋ヨ
・表示発着駅及び途中停車駅から各地の区間列車に継送される場合が多く複雑な運用となっている

■写真25．ク5000形緊締装置。 所蔵：渡辺一策

（3）昭和43～47年のク5000形

　ク5000形による自動車輸送は開始2年を経過した昭和43年以後も順調に発展、45年までの3年間で更に540輌が増備され、同年度末在籍車は902輌に達した。

　輸送基地も全国的に整備が進み、47年には太平洋ベルト地帯で専用急行＜アロー＞号が25本に増強、その他地域も専用列車や地域間急行によって高効率の輸送が行われていた。その結果昭和47年の自動車輸送台数は79万台となり国内乗用車生産台数の約30％が鉄道輸送されるという躍進を遂げた。これだけ鉄道依存度が高まったのは当時の自動車生産急増、道路の未整備、輸送要員の不足なども大きな要因であった。

　そして輸送区間や車輌数の増加に伴い貨車運用効率の向上も課題となり、昭和44年10月ク5000形はそれまでの各区間別専用運用から全輸送基地相互間の共通運用制に切り替えられた。従って42年度増備車に取付けてあった運用票板はその後廃止されてしまった。

　また常備駅標記は所属局頭文字＋漢字駅名だったのがカナ略号標記となり、一部は輸送基地駅名から貨車区所在駅名に変っている。(天 百済駅常備→天リウ、東 東小金井駅常備→西ハチ など)

　この間登場した本形式は、初期型の使用実績に基づき荷主自動車メーカーの意見も取り入れ一部構造を見直す設計変更が行われている。

■写真26. 厚木駅を出発するク5000主体の茅ケ崎行き。茅ケ崎から＜アロー＞号に継送される。　　　　　　　　　1968.4　厚木　P：渡辺一策

■表5. 国鉄関東支社管内　ク5000形による基地別自動車輸送計画表　　　　　　　　　　　　S46.10現在

基地名	発　送			到　着		
	メーカー	車　種	貨車輛数/日	メーカー	発基地名	貨車輛数/日
倉賀野	富士重	スバル	14	東洋工業	東広島	7
	日産	サニー	4	トヨタ	北野桝塚	
東小金井	日産	スカイライン	15.5			
	トヨタ	パブリカバン	3			
厚木	日産	ブルーバード、サニー	33			
	トヨタ	ハイラックス	3			
湘南貨物	いすゞ	ベレット	2	三菱	笠寺、水島	7.5
横須賀	日産	ブルーバード、セドリック	15			
	トヨタ	コロナバン	14			
本牧操	日産	ブルーバード	4	日産	二条	12
	トヨタ	コロナバン	2.5	トヨタ	北野桝塚、笠寺	
大宮操	本田	N360	13	トヨタ	北野桝塚	15
				ダイハツ	川西池田	
				三菱	笠寺	
小金井	日産	チェリー	12			
塩浜操				トヨタ	北野桝塚	38.5
				ダイハツ	川西池田	
合計			135			80

ク5362～5831　昭和42年度後期-43年度製造(470輛)

　主な変更は次の2点で、これにより自重が21.8トンから22.2トンに増加している。

・従来下段に8箱(48個入)あった緊締金具収納箱を上段

歩み板下面に10箱(24個入)、下段に4箱(24個入)と分散して収納作業の便をはかった。なお在来車に対しても同様な収納箱増設が46年から行われている。

・下段の自動車積載時の高さに余裕を持たせるため下

■写真27. 鹿児島本線を志免自動車基地へ向う＜アロー＞号。　　　　　　　　　　　　1968年頃　所蔵：吉岡心平

段タイヤ案内高さを20mm低くしレール面上975mmとした。このためタイヤ案内の両側が台枠上面より1段凹んだスタイルとなった。

ク5832〜5901　昭和45年度製造　（70輛）

これまでのク5000形の台車・TR63Cは他のTR63系台車と同様鋳鉄制輪子両抱き方式のため機構が複雑で検修上の問題があった。そこで荷重の小さいク5000用として基本構造は同じであるが片押しブレーキ方式に簡素化し、また軸受にはメンテナンスフリー化のため円錐コロ軸受を使用したTR222台車が造られ昭和45年製の本グループ70輛に採用された

■写真28. ク5000形5806・JR貨物時代のトリコロール塗装車。台車はTR63CFに改造されている。　　　　1991.7　横浜本牧　P：吉岡心平

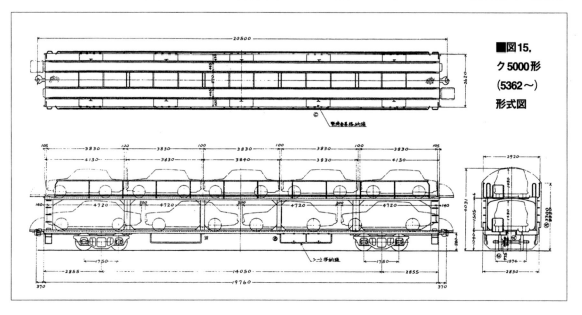

■図15.
ク5000形
（5362〜）
形式図

3－4　ク9100形の試作

吉岡心平・渡辺一策

　ク5000形が予想外の好調で増備を重ねているなか、国鉄では自動車輸送のさらなる効率化を図るため検討を続けていた。そして自動車輸送車は実荷重が小さく、あえて4軸は必要としないし、2段リンクにすれば85km/h走行は可能との見通しが得られ軽量、安価な3軸の専用貨車、ク9100形1輌が昭和42年3月試作として誕生した。ク5000形と異なりメーカーは日立製作所であるが、これは当初同社が私有車運車として計画して

いた経緯によると思われる。

　この形式の特徴は3軸車とした上、車体を前後に2分割した連節式構造を採用し車長をク5000より1.34m長くしたことである。初期に計画されたシム10000形と同様、全長約22mに及ぶ長大貨車であり、輸送量の大半を占める1000〜1500ccの車がすべて10台積載可能となった。1900cc級の大型車(8台)及び軽四輪(12台)の積載台数はク5000と同じである。またバンなどやや背の高い車も積載するため径790mmの特殊な車輪を採用、床面が低い構造とした。

　車体はク5000と同じ2階式構造で上、下段とも両端か

■写真29. ク9100形9100。

1974.6　西名古屋港　P：吉岡心平

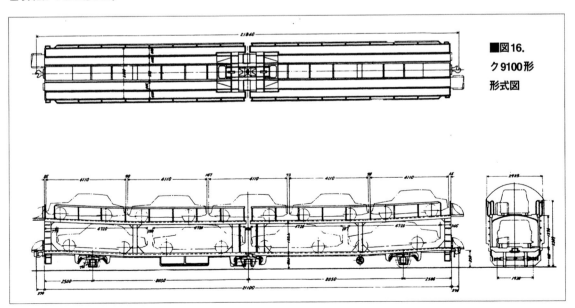

■図16.
ク9100形
形式図

ら中央に向い低くなっている。前後2分割された台枠は中央で中間連結器により連結されている。2段とも自動車5台積の場合、中央の車は前後の車体にまたがって積まれるが、それを曲線通過の変位に追随させるためこの部分に別に可動式の中間荷台を設けていた。

走り装置の2段リンクは一般貨車用と同じであるが、担バネは低床に対応のため逆反りの特殊な形となった。3軸のうち中間軸には中間軸ガイドがはめ込まれ前後台枠から案内棒で結ばれている。

ブレーキ装置は一般貨車と同じK−2制御弁、積空ブレーキはなく留置用手ブレーキが両側にあり、突放禁止扱いとされた。その他タイヤ案内、渡り板、緊縮装置、格納箱、車体塗色などはいずれもク5000形に準じている。

本形式の走行性能テストは昭和42年5月17日、カーブの多い中央西線を選び瑞浪〜春日井間など2箇所でそれぞれ空車のとき、及び1500cc乗用車10台積の二通りが行われた。当時の標記常備駅は笠寺であった。このときの試験結果は不明であるが、期待された成績は得られなかったようで、その後本車は「ロ」車標記となり長期間西名古屋港駅に留置されたまま昭和51年度に廃車、しかし廃車後も留置は続き、姿を消したのは58年2月であった。

■写真30. ク9100形中間荷台部。
ジェイアール貨物・リサーチセンター提供

■写真31. ク9100形両端軸。　1974.6　西名古屋港　Ｐ：吉岡心平

■写真32. ク9100形中間軸。　1974.6　西名古屋港　Ｐ：吉岡心平

■写真33. 5572列車＜ニッサン＞号。　　　　　　　　　　　　　　　　　　　　1981.9　西国分寺　P：星合英二

3－5　国鉄末期のク5000形
吉岡心平・渡辺一策

　急成長を続けた国鉄の自動車輸送は昭和47年、ク5000形の運用が1日当り369輌、年間輸送量は220万トンと最高を記録したのであるが、48年以後は急転して下降の一途をたどることになる。貨物の鉄道離れはこの時代の輸送物資全般にいえることだが、自動車の場合は急成長との落差があまりにも大きかった。

　輸送基地、専用列車本数とも年々減少、昭和59年には輸送基地が仙台港、宇都宮(タ)、本牧埠頭、北野桝塚、東広島、志免の6箇所、専用列車は3往復となり、そして60.3ダイヤ改正でついに国鉄自動車輸送は一旦全面廃止とされてしまった。

　これは自動車生産が急増し輸送需要が拡大するなか、国鉄ストによる運休多発、再度の運賃値上げなどが自動車メーカーの不信を招き、各社とも自動車専用船やキャリアカーの新造による輸送コスト削減を進めて鉄道依存度を低下させていったことが原因とみることができる。

コラム3： 自動車用シート

　ク5000形による自動車輸送は蒸機牽引のない電化区間であり汚染はないと想定されていたが、試験輸送の段階で列車のパンタグラフや制輪子から飛散する銅粉や鉄粉が自動車の車体に食い込んで汚れやキズが発生するという問題点が明らかになった。このため当初機関車次位に連結していたク5000を介在車で隔離し連結位置をずらす応急処置をとったが、基本的に裸輸送としていた計画を変更し、原則として1台ごとに「自動車用シート」を装着することとし昭和41年10月の本輸送から採用した。

　自動車用シートは国鉄が用意するもので無蓋貨車用シート、ロープと同様

貨車付属品の扱いである。材質はビニロン又はナイロンが使用され、外カバーと内カバーの2重式でそれぞれに据締用の紐をつけ、外カバーは防火、防水加工をした小豆色であった。また自動車の窓にあたる部分には空気抜穴を設けている。

　ク5000形にはシートの格納箱を設け自動車輸送時にはここにシート用布袋を収納、到着駅ではシートを折りたたみ布袋に入れた上、空貨車の格納箱に格納しカギをかけて返送するのを原則とした。シートは自動車のメーカー、車種によって形状、寸法が異なり、多いときは50種類以上もが使われていた。このため自動車用シートは常備駅があってそれぞれ運用が定められていたが、このシート運用が極めて複雑で、返路をク5000空車とは別に有蓋車で回送することも多く、輸送上大きな難点になっていた。

ク5000形自動車用
シート折り畳み作業。
1967.11　百済
P：渡辺一策

以下、昭和48年から国鉄民営化までのク5000形の動向を追ってみよう。

(1) 車輌増備と在来車の台車改造

・昭和48年、本形式の最終増備車、ク5902〜5931の30輌が製作された。45年度製造の5832〜5901とほぼ同じであるが、台車はTR222の鋳鉄制輪子を合成制輪子に変更したTR222Aとなった。外観からはTR222と区別はつかない。また在来の緊締金具は重量が重く作業や持ち運びに不便との苦情に対応し軽量化(11.8kg→8.2kg)改良品とした。

このグループは需要の急変が見込めなかったとはいえ、結果として不要の車輌を造ったことになり、国鉄放漫経営の悪しき一例に挙げられてしまった。

・45年製70輌に採用された片押ブレーキ方式TR222の結果が良かったことから、その後TR63系台車全般の片押し化（いわゆるF化改造）が推進され、43年以前製造のク5000形も49年から53年にかけ半数近くがTR63CFに改造されている。

(2) ＜ニッサン＞号の誕生

突放禁止のためヤード継送には不適なク5000について国鉄では利用の減った列車は極力整理する一方、需要のある区間には荷主に列車単位で割引販売する方式で輸送挽回を図った。昭和53年10月宇都宮(タ)－本牧埠頭間で荷主名を愛称としてスタートした＜ニッサン＞号がその例で、従来1本だったこの区間の列車を定型契約で16輌編成2本に増発した。主に輸出用人気車種「パルサー」などを港まで輸送するこの列車も昭和60年には廃止されたのだが、61年5月に復活、JR貨物時代まで継続しク5000形の最後を飾る列車となった。

(3) 台車の流用と車籍除外

輸送衰退で余剰となったク5000形は昭和55年頃には在籍車の半数以上に上り、各地に留置の身をさらしていた。

一方この頃国鉄石炭輸送は省エネによる燃料転換で増送に転じ、北海道では在来車の老朽化もあって石炭車が不足気味になっていた。そこでまだ耐用年数の十分ある遊休ク5000形を新形式石炭車セキ8000に改造す

■写真34.
＜ニッサン＞号で本牧埠頭駅に到着、ク5000から取り卸し中の輸出車群。

1983.5　P：星合英二

■写真35.
留置中のク5000休車群。
1977.12　相武台下
P：渡辺一策

る計画が浮上し、昭和56年から工事が始められた。これはク5000の台車TR63C又は63CFのバネ、オイルダンパなどを30トン積石炭車用に改造、TR63Gとし新製の石炭車車体を載せるもので、500輌が計画されたのだが実際は56〜58年、合計155輌の改造で終っている。同様なク5000からの台車流用は昭和61年製造開始の4トンピギーバック車クム80000形にも行なわれている（本書82頁第8章参照）。

ク5000形の車籍除外は民営化直前の昭和60〜61年一斉に行なわれ、在籍輌数は59年度末777輌から60年度末628輌、61年度末64輌と急減少してJR貨物に引継がれた。

ここまで車籍が残存したのは会計監査院からク5000余剰車の活用を指摘された国鉄が、のち実現のカートレイン以前に本形式を2トン車4台積に改造し青函トンネルを含む全国主要幹線にカートレイン網をつくる検討をしたことによるともいわれている。

3−6　JR貨物時代のク5000形
吉岡心平・渡辺一策

JR貨物会社に在籍したク5000形は当初国鉄から引継いだ64輌にその後の自社増備を加えても93輌と僅かであるが、ロット別で見ると表7（45頁）のように各製造年度のものが一通り分布していた。但し台車TR63Cの車輌はなくCF化改造済のものが選ばれている。

民営化後もク5000で自動車輸送を続けた自動車メーカーは日産自動車1社のみであり、車齢も加わった本形式の活躍の場は少なかった。そんな中でも次のようにいくつかの話題を提供し貨車ファンの注目は集めていたのだが、平成7年ダイヤではメインルートの本牧埠頭行も専貨ではなくコキやタキと併結の75km/h列車となり、ついに平成8年3月で運用は終了、最後の5輌が廃

■表6．ク9000、5000、9100形落成表

形　式	番　号	製造年月	製造所
ク9000	9000	S41.3	日車
ク9000	9001	S41.3	三菱
ク5000	5002〜5021	S41.9	三菱
ク5000	5022〜5041	S42.1	日車
ク5000	5042〜5043	S41.12	三菱
ク5000	5044〜5061	S42.1	三菱
ク5000	5062〜5071	S42.2	日車
ク5000	5072〜5086	S42.3	日車
ク5000	5087〜5096	S42.2	三菱
ク5000	5097〜5111	S42.3	三菱
ク5000	5112〜5211	S42.5	日車
ク5000	5212〜5263	S42.5	三菱
ク5000	5264〜5311	S42.6	三菱
ク5000	5312〜5321	S42.8	日車
ク5000	5322〜5336	S42.9	日車
ク5000	5337〜5346	S42.8	三菱
ク5000	5347〜5361	S42.9	三菱
ク5000	5362〜5371	S42.11	日車
ク5000	5372〜5376	S42.10	三菱
ク5000	5377〜5381	S42.11	三菱
ク5000	5382〜5461	S43.3	日車
ク5000	5462〜5486	S43.4	日車
ク5000	5487〜5491	S43.2	三菱
ク5000	5492〜5496	S43.3	三菱
ク5000	5497〜5506	S43.2	三菱
ク5000	5507〜5526	S43.3	三菱
ク5000	5527〜5536	S43.4	三菱
ク5000	5537〜5636	S43年度	日車
ク5000	5637〜5651	S43年度	三菱
ク5000	5652〜5666	S43.7	三菱
ク5000	5667〜5686	S43.8	三菱
ク5000	5687〜5721	S43.7	三菱
ク5000	5722〜5751	S43.8	三菱
ク5000	5752〜5791	S44.4〜6	日車
ク5000	5792〜5831	S44.4〜6	三菱
ク5000	5832〜5901	S45.7〜9	三菱
ク5000	5902〜5931	S48.11	日車
ク9100	9100	S42.3	日立

ク5000形に限ることではないが、自動車輸送は発着両端駅に自動車積卸設備、また積卸し前後に一旦自動車を安全に保管するモータープールが必要であって、どの駅でも取扱い可能とはいかない。ク5000での輸送において国鉄では発駅はメーカーから、着駅はディーラーからの距離や、設備設置の可能性を踏まえて各輸送基地を設定した。輸送基地は昭和41年の本輸送開始時点で東小金井、籠原、大宮操、川崎河岸、笠寺、百済の6箇所だったが、最も多かった45年には北は旭川から南は熊本まで全国29箇所に上った。

これらのうち特に規模の大きなのは笠寺、北野枡塚の2基地、どちらも当時東洋のデトロイトと呼ばれた我国自動車産業の中心地名古屋の周辺である。

笠寺は試験輸送時からの自動車基地で昭和45年現在ではトヨタ、三菱重工，愛知機械からの発送、日産、富士重工、東洋工業などの到着があり、1日のク5000発着数は110輌であった。

北野枡塚基地は45年10月、新建設線であった岡多線をトヨタ自販専用線からの自動車輸送専用として仮開業させ発足したもので46年現在でトヨタ車輸送列車10往復を設定、1日140輌（自動車1300台）の取扱いとなっていた。

このほか特異なク5000用輸送基地としては国鉄志免炭砿の跡地に新規建設された北九州の志免基地、延長2.6kmに及ぶ専用線でトヨタ自動車工業東富士工場構内まで入っていた御殿場線岩波基地などを挙げることができる。

車され形式消滅した。これをもって我国の新車乗用車の貨車輸送は米国のような「enclosed car」時代に発展することなく幕を閉じたのである。なお現在1輌がある所に保管されているが公開ではなく、残念ながら状態も良くない。

(1) 塗色の変更

　会社発足にあたりJR貨物ではイメージチェンジのため一部の貨車(ワム80000)や機関車(EF65)の色替えを行ったが、ク5000形もその一環として64輌全車の車体色が青と赤のツートン又は青、白、赤の3色塗分けに変

■写真36. 大型車兼用の改造をされたク5000形5902。台車はTR222A。　　　　　　　　　1992.11　宇都宮タ　P：吉岡心平

コラム5:　**自動車積卸装置**

　ク5000形に自動車を積卸しする装置は、地上と貨車の間に自動車を自走させる斜路を備えたものだが、上下2段の移動が必要なためやや複雑な機構となり、いろいろな方式のものが造られている。大別して固定式と自走式があり、固定式では基地の縦ホームから下段に積み上段用斜路はホーム上を左右に移動させる斜路横移動式、あるいは留置線末端に機械を設置し油圧ポンプにより斜路を上下させる斜路昇降式があった。

　自走式は空港で飛行機の停止位置に横付けするタラップのようなもので、トラックのシャーシに積卸し機械を載せた方式である。積卸しに際しては停止した貨車の端部に機械を止め、後部の渡り板を地上に降ろし機械4隅のアウトリガをかけ固定してから作業を行う。これでは貨車編成の両端に付け能率化も可能となった。

　初期段階では固定式が多かったのだが、ク5000の車数増加に対応し機動性のある自走式に移行している。最盛期には昭和43年から投入された東急車輌製の自走式・ARC－2型が大勢を占めていた。

　これら積卸装置は国鉄所有であり、通常各自動車基地に1～2台、最大の北野桝塚基地では7台が配備されていた。

自動車積卸装置・固定式。　　　　　　　　　笠寺　所蔵：渡辺一策

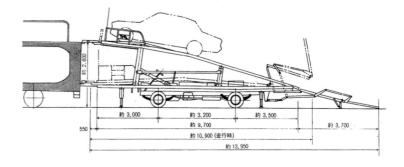

自動車積卸装置・自走式。　　　　　　　　　所蔵：阿部貴幸

更された。後者はフランス国旗の色に準じるため「トリコロール」塗装とよばれたがこれは日産のコーポレートカラーでもあり、その後の増備車も含めこの塗分けに統一されている。

（2）ルート拡大と廃車復活増備

JR貨物当初のク5000形輸送区間は国鉄時代の継続である宇都宮(タ)→本牧埠頭（輸出車）、宇都宮(タ)→千鳥町（国内向）、いずれも21輌編成の専貨列車各1本であった。しかしまもなく少輌数であるが宇都宮(タ)→南福井、金沢、秋田港、本牧埠頭→宇都宮(タ)、千鳥町→東広島など栃木工場以外の生産車も加わりルートが増え国鉄引継の64輌では不足になってきた。

そこでJR貨物は昭和62年末から本形式で国鉄時代に廃車された留置車を改修整備する工事を開始、63年4月までに21輌を車籍復活し運用に加えた。さらに平成元年7月にはマイカーフレートの増強もあって8輌が復活増備され、ク5000形は合計93輌となった。

■表7．ＪＲ貨物在籍 ク5000形 一覧表

番　号								車籍経緯	輌数
5020、	5038、	5108、	5115、	5147、	5159、	5185、	5215、	S62.4 国鉄より承継	64
5219、	5252、	5262、	5274、	5294、	5317、	5330、	5372、		
5373、	5387、	5402、	5404、	5425、	5435、	5440、	5444、		
5447、	5468、	5490、	5492、	5500、	5533、	5550、	5552、		
5556、	5561、	5567、	5568、	5570、	5600、	5617、	5625、		
5642、	5652、	5656、	5659、	5676、	5687、	5693、	5707、		
5770、	5786、	5794、	5797、	5806、	5850、	5861、	5866、		
5881、	5888、	5892、	5902、	5911、	5915、	5920、	5929		
5166、	5216、	5248、	5259、	5348、	5413、	5434、	5464、	S63.3 廃車復活	21
5575、	5638、	5674、	5684、	5700、	5777、	5834、	5845、		
5870、	5893、	5898、	5905、	5916					
5180、	5229、	5277、	5313、	5394、	5424、	5626、	5758	H01.6 廃車復活	8
合　計									93

（3）「大型車兼用」改造

平成元年発売の日産大型高級車「インフィニティQ45」は排気量が4600ccあり、タイヤのトレッドが1570mmと在来車より50mm広い。これを積載するため同年12月～2年3月ク5000形10輌に上段タイヤガイドを両側に50mmずつ拡げる改造を行った。

改造対象車は在籍車ラストナンバーから10輌のク5892～5929が充てられ、改造後は上段側面に「大型車兼用」と標記した。2年3月から上段にインフィニティ4台を積んで毎日運用された。

<hr>

コラム6：	オート・エクスプレスとマイカー・フレート

ク5000形を使用して新車ではなく一般旅行客のマイカーを輸送したのは国鉄時代、JR貨物時代のそれぞれ1回、2つの事例を挙げることができる。

同形式が登場してまもない昭和42年10月、国鉄では「オート・エクスプレ

オート・エクスプレスのチラシ。
所蔵：渡辺一策

ス」の愛称で東京（新宿駅）－京都（梅小路駅）間で旅行者の乗用車輸送を開始した。利用客はこの区間を含む乗車券があることが条件で、ドライバーである旅客は同乗できず、車のみを荷物として運ぶいわばマイカーのチッキ輸送という形態であった。

ク5000形は1日1輌の運用とし、1輌に8台までの乗用車を積み、この区間を85km/hの特急貨物列車に連結した。梅小路－京都間は陸送サービスがあった。

[昭和42.10現在の輸送列車]

	674～2051レ	2050～180レ
新宿	17:06	10:44
	↓	↑
梅小路	5:49	20:06

オート・エクスプレスは当初観光ドライブ、商用、転勤など各種用途に利用され好調であったが、昭和44年東名高速道の開通もあり、45年10月に廃止されている。

ところがこのオート・エクスプレスの復活ともいえるマイカー輸送が民営分割後のJR貨物により、昭和62年8

月から「マイカー・フレート」の愛称で開始された。新幹線、航空機などを利用の観光客や帰省客に着先でマイカーへ乗り換えてもらうことを狙ったもので62年の場合、区間は田端(操)－東青森、期間は8月末までの約1ヶ月であった。ク5000形はニッサン号に運用中のものを使用、1日2輌（乗用車16台）の計画であったが利用は少なく1輌での実施となった。

翌63年、区間は田端(操)～東青森、姫路、金沢の3ルート、さらに平成元年、区間は田端操～東青森、東広島と変り、いずれも各区間ク5000、1輌、期間は7～8月の約40日間であった。平成元年の場合は日本エアシステムとも提携し航空券とセットした旅行商品として売り出したのであるが、実績は伸びなかったようで、マイカー・フレートはこの年を最後に廃止されてしまった。

このようにク5000形によるマイカー輸送は2例とも輌数は少なく僅か3年で廃止されており、どちらも失敗に終ったということができる。

北野桝塚自動車基地はトヨタ輸送㈱が運営管理を担当し、同社では上郷貨車センターと称していた。多数の側線群と広大なモータープールを擁しているが、撮影年次はすでに輸送衰退期であり往年の活気は見られない（43頁コラム4参照）。　1983.5.30　P：森嶋孝司（RGG）

第4章　新車オートバイを運ぶ貨車

　ク5000形は国鉄が開発した物資別適合貨車の代表的存在であるが、他にも昭和40年代には各種貨物に対する適合貨車が出現しており、オートバイ輸送車もその一つである。

　国内のオートバイ生産は昭和30年代に急激に増加し、その生産量の大半が中部支社管内に工場のある本田技研やヤマハ発動機といったメーカーによるものであった。出荷されるオートバイの殆どはトラックで輸送され鉄道輸送は僅かだったので、国鉄ではこのオートバイ輸送を鉄道に誘致し増収を図ることとし、ワキ5000形改造車、さらにワキ7000形、またワム80000形で5種類あった物適輸送車の1種583000番代をオートバイ専用貨車として開発したのである。

■写真37.　ワキ5000形5086オートバイ用改造車。所蔵：渡辺一策

4－1　ワキ5000形物適改造車、ワキ7000形

矢嶋　亨

　この系列では昭和41年に落成した第1号車以降、形式変更も含めて延べ21輌が改造されており、積載方式によって大きく3種類に分類することができる。ここでは説明の都合上、この積載方式ごとに分けて記述する。

(1)　名古屋鉄道管理局のワキ5000形改造車（5000～5003、5086、5181～5184、5206～5209）

　オートバイのトップメーカーである本田技研工業の鈴鹿工場を管内に擁する名古屋鉄道管理局では、同工場から出荷されるオートバイの輸送を鉄道に誘致するため、本田技研と交渉を進める一方、当時登場したばかりのワキ5000形を改造して物資別適合貨車を開発することとした。

　先ず昭和41年に、試作車ワキ5086が名古屋工場で改造落成した。改造は、オートバイを2段に積載できるようにするため、車内の柱を利用して床から1,160mmの高さに中間床を設けたものである。ワキ5000形の側柱に設けられていた仕切案内はオートバイの積卸しに支障するため撤去し、仕切桟は50mm上方へ移設した。鉄道輸送では自動車輸送に比べて衝撃が大きいが、積荷に特別の梱包をすることなく輸送できるよう、オートバイの固定方法は各種検討された。その結果、床面および中間床にオートバイの前後輪を固定するための梯子桟を設け、後輪には車輪を抱きかかえる形の緊締具を取り付けた。更にオートバイの荷台上に木の押え棒を渡して、床面と押え棒の間を緊締棒で固定する方法も用いられた。これらの改造により、50ccまたは65ccのオートバイが上下の床に各56台ずつ、貨車1輌で計112台が積載できるようになった。

　試作車の試験輸送で一応の成果を得て、昭和42年1月から鈴鹿工場の最寄駅である関西本線の加佐登と博多港の間で輸送を開始したが、オートバイを緊締具で固定していても輸送中に破損することもあった。結局、

■写真38.　ワキ5000形5000オートバイ用改造車・常備駅と「突放禁止」の標記からオートバイ専用とわかる。　1971.3　南四日市　P：堀井純一

積荷の破損を防ぐため貨車を突放禁止扱いにすることになり、緊縮具は簡略化して量産改造が行われた。量産改造も名古屋工場で行われ、42年3月にワキ5000〜5003、5181〜5184、5206〜5209の12輌が落成した。車輌の番号は試作車も含めて改造前と同じで、外観上は配置局・常備駅名と突放禁止の標記が加わったのみである。常備駅は全て加佐登で、最高速度85km/hの走行性能を生かして特急貨物列車にも連結され、博多港・長町向けに運用された。これら改造車のうち7輌は、昭和47、48年に車内を再改造してワキ7000形となり、他の車輌は専属指定を解除されたが、一部は継続してオートバイ輸送に用いられたと思われる。

(2) 静岡鉄道管理局のワキ5000形改造車（5210）

　名古屋鉄道管理局が本田技研の出荷輸送の誘致に成功した一方で、静岡鉄道管理局では浜松周辺でオートバイを製造するヤマハ発動機と誘致交渉を進めていた。ヤマハ発動機の生産量は本田技研に比べると少ないため、鉄道輸送の利点を生かすためには貨車1輌の中に排気量の異なる各車種のオートバイが積載できる必要があった。そのため同管理局では独自に90、125、250ccの各車種に共通で使用できる「静岡式」緊縮具を開発し、専用の物適輸送車として昭和42年に名古屋工場でワキ5210を改造した。

　貨車の改造は、名古屋局と同じく車内に中間床を設けるもので、前述の「静岡式」緊縮具を用いて上下に各35台ずつのオートバイを積載した。この方式による輸送試験を同年6月に浜松から博多港まで行った結果、安全に輸送できるものの、積卸に時間がかかることや、狭い車内で積卸作業をしなければならず効率が悪い等の問題があり、本格採用とはならなかった。静岡鉄道

管理局ではこの後、積み付け方式を改良し、後述するワム80000形の物適車でオートバイ輸送を行うようになったため、ワキ5000形の改造は1輌のみとなった。ワキ5210は昭和50年頃までは浜松駅に常備され、その後専属指定を解除された。

(3) ワキ7000形（7000〜7006）

　前述したワキ5000形の物適改造車は、オートバイの固定を狭い車内で行うため作業性が悪く、また棚が固定されているため復路の貨物積載が困難という問題もあった。このため、名古屋鉄道管理局の改造車のうち、ワキ5000、5001、5003、5181、5184、5206、5207の7輌を昭和47、48年に名古屋工場で再改造し、棚を取り外し式としたものが本形式である。なお、昭和47年中に既に3輌が改造されていたが、ワキ7000に形が定められたのは翌48年に入ってからで、それまでは旧番号のまま使用されていたようである。

　再改造では、固定式の棚を撤去し、取り外し式の棚（パレット）を載せるアングル製の棚受を設けた。パレットは車内の上下に各4枚ずつ積載し、1枚のパレットにはオートバイが7台固定されるので、積載台数は112台で改造前と同じである。改造前と同じ加佐登駅常備で、主に博多港に向けて運用された。

　もっとも国鉄の貨物等級制度の下ではオートバイのような完成度の高い製品ほど運賃が割高となるため、メーカーにとってのメリットは少なく、結局は鉄道輸送は主流にはなり得なかった。本形式も昭和50年代には休車となって西名古屋港駅構内等に留置されていたが、56年にワキ5000形の一般車に復元されることになり、名古屋工場で車内を再々改造して従来のラストナンバーに続くワキ6515〜6521として復活した。

■写真39. ワキ7000形7004。

1973年頃　加佐登　ジェイアール貨物・リサーチセンター提供

■写真40. ワキ7000形7002。

1976.10 加佐登 P：遠藤文雄

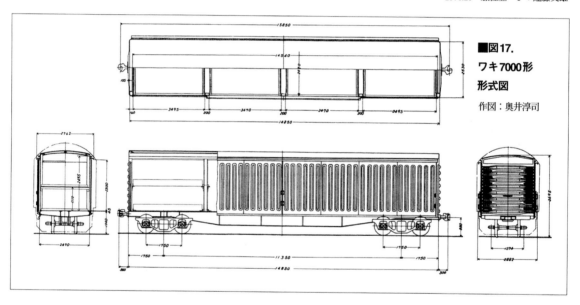

■図17.
ワキ7000形
形式図

作図：奥井淳司

4－2 ワム80000形583000番代

矢嶋 亨

　メーカーから出荷されるオートバイの輸送を鉄道に
誘致するのに、名古屋鉄道管理局ではワキ5000形の物
適改造車を用いて一定の成果を見た。一方静岡鉄道管
理局では、メーカーの生産量の関係から、単一車種を
一括輸送するよりもむしろ、大きさの異なる各種のオ
ートバイを同時に輸送することを主眼としたため、ワ
キ5000形では余り輸送コストが下がらず、かえって積
卸しに時間がかかる等の問題点があって本格改造はさ
れなかった。そこで静岡鉄道管理局では改めて検討を
続けた結果、昭和43年に浜松客貨車区で50ccから125cc
までのオートバイが1枚につき6台固定できるパレット

を開発、このパレットをワム80000形に積載してオート
バイの輸送試験を行った。

　試験に用いた車輛は、車内に棚を設けて上下2段に計
8枚のパレットが積載できるようにした。ワキ5000形改
造車では棚は固定式であったが、ワム80000形の車内と
積荷の高さの関係上、棚が固定式では積卸が出来ない
ので中段を可動式とした。即ち、先ずパレットにオー
トバイを積載しておいて、中段を床面まで下げパレッ
トをフォークリフトで積み込む。この後、中段を持ち
上げて側柱の穴にピンを差し込み固定し、下段にパレ
ットを積み込む。返送時には中段にパレットを積み重
ね、中段を上部に固定することで、一般貨物の積載に
使用できる。

　この輸送試験の結果が良好で、またオートバイをパ

レットごとトラックに積み込める等の利点も評価された。そこで、日車で一般車（ワム180808〜180819）として製造中であったワム80000形12輛を設計変更し、物適輸送用の583000番代（ワム583000〜583011）として43年12月に落成した。ワム80000形一般車との違いは、社内に可動式の棚を設けた点のみであり、それ以外は一般車の設計そのままである。

西浜松に常備されてヤマハ発動機製のオートバイ輸送に用いられたが、結局は鉄道によるオートバイ輸送は主流とはならず、数年後にはヤマハ発動機の親会社である日本楽器製造（現ヤマハ）から出荷されるピアノ・エレクトーン等の輸送に転用された。更に昭和56年に一般車に改造され、ワム188807〜188818となって本番代は消滅した。

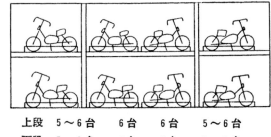

上段	5〜6台	6台	6台	5〜6台
下段	5〜6台	6台	6台	5〜6台

使用パレット	8個	
積載台数	各パレット	5〜6台（一車に44〜48台）

■図18.

ワム80000形583000〜へのオートバイ積付図

所蔵：渡辺一策

■写真41.
ワム80000形583002。
1974.8 塩浜操　P：堀井純一

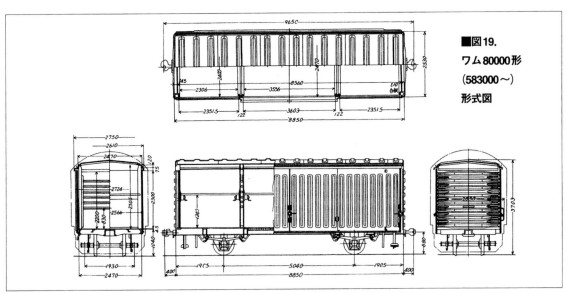

■図19.

ワム80000形

（583000〜）

形式図

上巻のおわりに

　本書「車を運ぶ貨車」上巻では歴史のかなたに去った馬車輸送車、国鉄貨物最盛期の物資別輸送に貢献した新車乗用車輸送車、そして新車オートバイ輸送車についてご紹介してきた。

　続く下巻では、さらに車社会の進展とともに登場したカートレイン、トラック積のピギーバック、自動車積コンテナなどいろいろな方式の「車を運ぶ貨車」たちを取り上げる。

　　渡辺一策（早稲田大学鉄道研究会OB、鉄道友の会貨車部会会員）

岡多線を行くク5000形自動車専用列車。
1983.5.30　北野桝塚－北岡崎　P：森嶋孝司（RGG）

低床台車FT-12を履き、次世代4トンピギ
ーと期待されたクサ1000形は、量産車登
場を目前にしながら挫折してしまった。
1993.10.20　東京タ
P：森嶋孝司(RCG)

はじめに

「車を運ぶ貨車」上巻では初期の馬車輸送車及び昭和40～50年代を中心に活躍した新車乗用車・新車オートバイ輸送車を解説してきた。

それに続く昭和末期～平成ひとケタ年代は国鉄民営化と前後して、旅客の乗用車、オートバイを運ぶカートレイン、モトトレイン用車輌、トラックを運ぶ4トンピギーパック車、タンクローリピギーパック車、そして各種自動車用コンテナなどが続々登場して一通りの役者が揃い、貨車ファンにとって実に楽しい年代であった。

下巻では短い年月ではあったが、並存した各ジャンルの「車を運ぶ貨車（及び客車、コンテナ）」たちを紹介する。

（渡辺一策）

名古屋から新潟へコキ71形に積んだ乗用車を輸送するコンテナ
列車が早朝の直江津駅に到着した。　　1997.8.5　P：高間恒雄

第5章 カートレイン・モットレイン

オーナードライバーの鉄道旅行において旅客とマイカーを同時に輸送するカートレイン（寝台車を利用する場合はカースリーパートレインともいう）はヨーロッパ主要国では20世紀後半からかなり運転されていた。

我国でも乗用車の急速な普及とともにその要望が高まり、国鉄は新しい需要開拓を狙って昭和60年、寝台客車と乗用車積貨車とを編成したカートレインを登場させている。

ここではそれに先駆けてモデル的に試作されたカーキャリア車、またオートバイライダー向けに設定されたモットレインも含め、鉄道旅客の自動車、オートバイを同時輸送する貨車（又は客車）をご紹介する。

■写真43．ワム60000形改造カーキャリア内部。
1984.8　苗穂工場　P：後山廣春

5－1 ワム60000改造
カーキャリア車　　　後山廣春

昭和59年夏、苗穂工場において工場内有志職員が今後の車輌のあり方について勉強しようという趣旨から、廃車予定となった貨車を利用して改造した車が存在した。

この改造貨車は有蓋車に車を積み込むカーキャリア車1輌と有蓋緩急車を改装し人が宿泊するキャンピング

カーとした2輌の計3輌が製作された。

カーキャリアタイプ車は、車輌内部に乗用車を積み込むための回転式積込器具を設置し、側引戸開口部も大きく開くように改造され、側引戸を車端まで開くことができるように側引戸レールが車端部まで延長されていた。

車体塗色は妻面及び側面が緑白色と白いV字型の帯で塗り分けられていたが屋根は黒のままである。また側面には「CarCarrier」と大きく表記がなされた。

■写真42．ワム60000形改造カーキャリア。
1984.8　苗穂工場　P：後山廣春

■写真44. カーキャリアと同時に改造されたキャンピングカー。

1984.8　苗穂工場　P：後山廣春

■写真45. ワキ10000形乗用車積載状態。

1985.7　汐留　P：諸河　久

改造種車は妻板が側板より出張った外観的特徴から明らかなようにワム60000形（初期型）である。

宿泊用キャンピングカータイプ車は内部を改装しシャワー兼トイレを設置、内装には洋式と和式の2タイプが用意された。車体塗色も赤色または緑白色に白いV字型の帯を配した2種類があった。改造種車はワフ29500形である。

本車輌の活用方法は、最近の輸送ニーズにあったものを提供しようという考えから、鉄道に車をのせ家族や仲間同士が語らい合いながら目的地まで移動する手段として利用して頂こうというものであった。

完成した3輌は苗穂工場で行われた客車・貨車の車体分離売却展示日にマスコミ公開され、乗用車の積み込みを行った姿で展示された。北海道の大地をお客様を乗せて走ることを願った力作であったが営業運転につく事はなかった。

5－2
ワキ10000形カートレイン用改造車
マニ44形カートレイン用改造車

渡辺一策

我国初のカートレインは昭和60年7月27日、汐留～東小倉間夏季臨時列車として臨時特急＜あさかぜ＞のダイヤ利用でスタートした。

このとき選ばれた車輌は自動車積載車がワキ10000形からの改造、寝台車はかって九州特急ブルートレインに使用されたナロネ21形であった。当時ワキ10000形はコンテナ化の進展によって運用に余裕が生じており、100km/h走行が可能で、また有蓋車であるため積荷自動車に汚損の恐れがないことが選択の理由であった。

以下ワキ10000形のカートレイン専用車への改造点を述べる。

■写真46. ワキ10000形カートレイン用10109。

1996.7　浜松町　P：関本　正

■写真47. 20系客車に連結されたワキ10000形カートレイン。　　　　　　　　　　　　　　1986.1.5　大森—大井町　P：松本正敏（RGG）

・本形式は側総開きで3本の側柱により4室に仕切られ
　ているが、自動車積載には柱間が狭すぎるため柱を1
　本減らして2本の3室構造とした。これに伴い台枠側
　梁には補強を施した。
・万一ガソリンが漏れても室内に充満しないよう妻上
　部に通気孔を設けた。
・自動車積パレットの移動止めとして床に押え金具を
　取付けた。

・ナロネとの編成のため空気バネ及びCLEブレーキ関
　係の配管、端子類配置を変更した。
・車体色はナロネに合わせ青15号(濃い青)に変更した。
・中央引戸に愛称及びシンボルマーク標記板を取付けた。
　改造ワキ車への積込は乗用車1台が載る専用パレット
　上へ自走で積載した後、前後輪を緊縮装置でロックし、
　フォークリフトで車内の所定位置に収容する。ワキ1輌
　には3台の乗用車が積載され、対象となる車種は2400cc

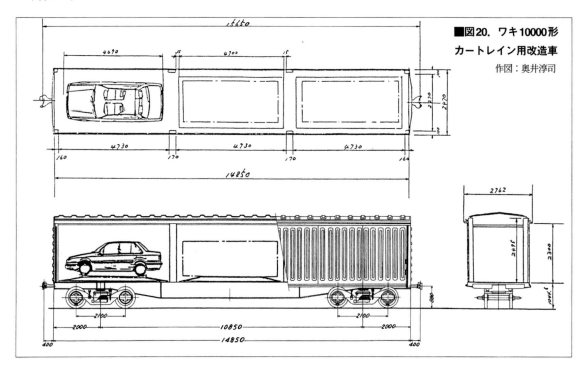

■図20. ワキ10000形
カートレイン用改造車
作図：奥井淳司

までとなっていた。

このカートレイン、当初の編成はEF65形＋カヤ21形1輌＋ナロネ21形2輌＋ワキ10000形4輌、乗用車12台積の列車であった。改造されたワキ10000形は8輌で種車は昭和43、44年製のコルゲート屋根型のものが充てられ番号は変更されていない。これは以後のカートレイン用改造ワキ全車に該当する。

発足以後のカートレインは春、夏、冬の季節臨として帰省客、行楽客に歓迎され順調な成績を挙げ、昭和61年冬から東京地区の発着駅を恵比寿に変更、62年春には広島発着のワキ2輌を含め、ワキ9、ナロネ3、カヤ1の13輌編成に増車、列車名が「カートレイン九州」と変っている。分割民営化の時点で在籍したワキ10000形18輌はすべてカートレイン用となっていた。

一方昭和61年冬には同様な季節臨として熱田〜東小倉間に「カートレイン名古屋」が新設された。この列車の自動車積載車はパレット用荷物車マニ44形にワキ10000形に準じたカートレイン用改造を加えたもので輌数は8輌、やはり改番はされなかった。ワキ10000形と異なる点は

・車体が長いため自動車積パレットが大きく3000ccクラスの車まで積載可能
・屋根通風器付のため妻通風孔取付改造はない
・外装は併結の欧風客車（ユーロライナー）と同じ明るいグレーに青帯のいわゆるユーロ塗装、カートレイン名古屋のロゴマーク入り

などである。登場時の編成はEF65形＋マニ44形4輌＋オロ12形2輌＋スロフ12形1輌であった。

昭和63年7月、青函トンネル開通後初の夏休みに当り、カートレインは＜カートレイン北海道＞の名称で恵比寿〜白石間にも設定、北海道へ乗入れることになった。

■写真48. カートレイン・フォークリフトで積込み中。
1991.5　浜松町　P：諸河 久

■写真49. マニ44カートレイン用2029。
1994.9　美濃太田区　P：藤田吾郎

青函トンネル内は運輸省の安全規則で500ℓ以上の揮発油類は運べないため、積載乗用車は最小限のガソリンを残して大半を抜取り着駅で返すことでこれをクリアーした。編成はワキ10000形9、オハネ24形3、電源車カニ24形1の13輌で、この列車のためJR東日本とJR北海道ではすでに廃車されたワキ10000形各9輌を国鉄清算事業団から購入し改造した。これらカートレイン北海道用のワキ10000形は天井部分に煙感知器を取付

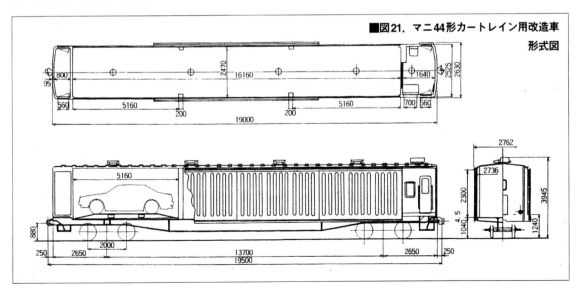

■図21. マニ44形カートレイン用改造車
形式図

■写真50. カートレイン北海道の編成。 1992.8 白石 P：諸河 久

け、化学消火剤を噴出するスプリンクラーを設けている。

このように昭和末期、全国で3ルートが誕生、平成2年冬には東京地区の発着が浜松町駅となり季節臨として定着したかとみられたカートレインであったが、まもなく九州方面の列車について収入配分の点でJR4社の足並みが揃わなくなり、平成7年カートレインユーロ名古屋（カートレイン名古屋の改称）、8年カートレイン九州、が相次いで廃止された。さらにカートレイン北海道も浜松町駅発着スペースを地下鉄12号線建設に提供のため平成10年に廃止となり、カートレインは大きく後退してしまった。

ここでJR北海道はカートレイン北海道に代って平成9年末から白石ー新富士間に道内帰省客を対象とした＜カートレインくしろ＞を新設、平成10年にはこの

列車のためワキ10000形を次のように大きく再改造している。

・駅に設置したランプウェイにより乗用車を妻部から積卸しする方式とし、妻板部をシャッターに改造、連結器は下作用とした。編成された貨車間を車が移動するため、アルミ製渡り板を設けた。

・車内に乗用車が自走できる通路を設け、滑り防止のため凹凸面鋼板を使用している。車内両側部には人の通路も設けた。

・大型車対応のため1輛に乗用車2台の積載とし、車内天井に停止位置標示板を取付けている。乗用車は前後輪を金具によりワンタッチで固定するようにした。

この改造はJR北海道のワキ10000形中6輌に対し行われ、平成10年夏カートレインくしろの編成はB寝台

■写真51. ワキ10000形カートレイン用シャッター付改造車10188ほか。 1998.7 白石 P：奥野和弘

形　式	番　　号	平成6年度末JR各社別輌数				合計輌数
		北海道	東日本	東海	西日本	
ワキ10000	10058、10060、10062～10064、10066、10067、10069、10089、10096、10099、10106、10108、10109、10111、10134、10147、10151、10152、<u>10153</u>、10155、<u>10157</u>、10161、<u>10162～10164</u>、10165、10178、10180～10185、10187、<u>10188</u>　（下線はシャッター付再改造車）	9（内北海道用9）	23（内北海道用9）		4	36
マニ44	442025～442030、442047、442050			8		8

車1、電源車1、ワキ10000形6（乗用車12台積）の8輌編成となった。しかしこの改造車によるカートレインも10年冬カートレインくしろ、11年夏カートレインさっぽろ（東青森－白石間）を最後に設定はなくなっている。

　平成17年現在、カートレイン用車輌はワキ10000形シャッター付改造車6輌のみJR北海道に残存しているがこのまま形式消滅の公算が高い。

　その他のカートレイン用ワキ10000形のうちJR東日本所有の2輌はフィリピン国鉄に譲渡され、またJR北海道の3輌はイベント用客車ナハ29000形に改造されている。

■写真52. ワキ10000形カートレイン用シャッター付改造車内部。
1998.7　白石　P：奥野和弘

5－3　マニ50形 モトトレイン用改造車

渡辺一策

　昭和60年夏に登場したカートレインに続き、国鉄ではそのオートバイ版である＜モトトレイン＞を61年夏から運転開始した。北海道の原野でツーリングを楽しむ若者をターゲットとして設定されたこの列車は7～8月の指定日約40日間、上野～青森間急行＜八甲田＞に

マニ50形を改造したオートバイ専用車2輌（日によっては3輌）、ライダー用B寝台車（オハネ14）1輌を増結するものである。

　このとき改造されたマニ50形は9輌で、改番はされず尾久客車区配置となった。工事内容は次の通りである。

・乗務員室、便所、床下の水タンク撤去

・荷スリ桟の上に縞鋼板を全面敷設

・縞鋼板上にオートバイ緊締金具を溶接

■写真53. マニ50形モトトレイン用改造車2157。

1981.10　函館　P：諸河　久

■写真54. 14系ハザ、ハネに連なるマニ50形モトトレイン。　　　　　　　　　　　1986.8.2　蓮田－東大宮　P：森嶋孝司（RGG）

■写真55. マニ50形モトトレイン用改造車車内。　　　　　　　　　　　　　　　　　　1981.10　函館　P：諸河 久

写真56. マニ50形日本海モトトレイン用改造車5002
1988.7 函館 P：諸河 久

■表9. 旅客オートバイ積載用 改造マニ50形式一覧表

番号	改造前番号	改造年月	輌数	改造工場	配置
502120、502124、502128 502154～502159	(改番なし)	昭和61	9	大宮	JR東 尾久客車区
505001 505002	502230 502256	昭和63.6 昭和63.7	2	鷹取	JR西 宮原客車区

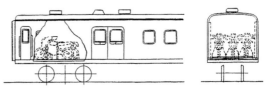

■図22. マニ50形モトトレイン用改造車積付図

所蔵：渡辺一策

・車体外板にMOTOトレインの標記塗装

　積載するオートバイは排気量126cc以上とし、積載台数は積卸しおよび緊縮の作業余地も考慮し1輌当り20台とした。緊縮はオートバイをラッシングベルトで床のフックに締め付ける方法である。発着駅ホームでは旅客ライダーと駅員が協力して積卸し作業をした。ちなみに未改造マニ50のオートバイ積載可能台数は8台までであった。

　この上野～函館間モトトレインは当初青森～函館間を青函連絡船（旅客は乗船、マニは航送）で運んでいたが、昭和63年青函トンネル開通後、同区間は臨時快速＜海峡＞に併結となり、平成10年まで運転されていた。

　さらにオートバイライダー向けの列車はもう1本、J

R西日本で昭和63年7月からやはり夏期季節臨として大阪～函館間を特急＜日本海＞に併結する＜日本海モトトレイン＞が登場した。こちらも車積載用にはマニ50形改造車2輌が充てられたが、特急に併結のため台車（TR230）とブレーキ関係を高速（110km/h）対応に改造、マニ50形5000番代となった。JR東の改造マニ50と同じくオートバイ20台積であるが、床面に緊縮用レールを設置するなど室内構造も幾分違っている。＜日本海＞への併結はオートバイ積マニ1輌、ライダー用B寝台車（オハネフ25）1輌であった。

　列車愛称名は当初の＜日本海モトトレイン＞から平成元年以後＜モトトレール＞更に＜モトとレール＞と変更になり、JR東日本のモトトレインと同様平成10年をもって運転終了している。

コラム7：　ツーリングバイクを運んだワム80000

　ク5000形による旅客乗用車の輸送はコラム6.（45頁）で紹介したが、ここではワム車による旅客オートバイの輸送例を採り上げる。

　昭和61年から運転された国鉄→JR旅客会社のモトトレインにならいJR

貨物では62年6月から東亜国内航空と協同しライダーは飛行機で、オートバイは貨車でというツーリングバイク輸送サービスに乗り出した。オートバイ輸送車は専用ではなく一般のワム80000形を使用、自社車両所で製作した緊縮装置付の専用パレットを積載した。専用パレットは63年製改良品の場合、1枚にオートバイ3台積と4台積の2種があり、ワム1輌に3台積2枚、4台積1枚を使って126cc以上のオートバイ計10台を積載した。パレット自体も車内で移動しないよう緊縮金具で貨車床面に固定される。

　輸送期間は6～9月の夏季約4ヶ月間、区間は62年飯田町～札幌（タ）間でスタート、63年に飯田町～北旭川間、平成2年に梅田～札幌（タ）間が加わって3ルートとなった。いずれも紙専用列車などにオートバイ積ワムを1回1輌併結する形であった。札幌（タ）～千歳空港間はトラックで横持ち輸送した。

　このように輸送区間も次第に伸びていたのであるが、4シーズン目となる平成2年を最後に廃止されてしまった。モトトレインよりかなり早い廃止であった。

ツーリングバイク輸送のワム80000形　1988年　ジェイアール貨物・リサーチセンター提供

特急＜日本海＞の後部に連結されたモトとレールに使用中のマニ50 5002。
1991.8.8　敦賀－新疋田　P：森嶋孝司（RGG）

第6章 大型トラックピギーバック

鉄道と自動車のそれぞれの特性を生かして両者を結合し、貨物を戸口から戸口まで運ぶ「協同一貫輸送」は鉄道貨物近代化のポイントであり、我国ではまず「コンテナ輸送」が開発され年々発展して来た。しかしコンテナ輸送のほかに欧米のような種々の協同一貫輸送も検討する必要があるとし、昭和35年頃から、フレキシバン、カンガルー方式ピギーバック、低床式ピギーバック、スライドバンなどいくつかの試作開発が行われている。

ここでフレキシバン、スライドバンは荷箱をリフトでなく車上のターンテーブル又は滑り板により積替えするもので、基本的にはコンテナ輸送の一種である。これに対しピギーバック方式とは貨物を積んだトラック又はトレーラをそのままフラットな鉄道貨車に載せて輸送する方式で、1950年頃からアメリカで本格的に開始され英語の "piggyback"(背中に乗せて運ぶこと)から名付けられた。

欧州や日本では車輌限界に制約され通常の平床貨車でこの方式を採用することが難しく、貨車の床の一部を低くし、トレーラを貨車に積むとき、後車輪を貨車の腹の中に抱き込む方法がフランスで実用化し「カンガルー方式」と呼ばれた。我国でもピギーバックでは先ずこのカンガルー方式が試作され、続いて床全体を低くした低床式ピギーバック貨車の開発に力が注がれたのである。しかし低床にしても積載できるトラックの車高は制限されるという難点が残った。

本章では国鉄時代及びJR貨物時代に試作されたがいずれも実用化に至らなかったこれら大型トラック用ピギーバック貨車を取上げることとする。

6-1 クサ9000形　　吉岡心平

■誕生の経緯

カンガルー方式ピギーバック輸送を試行するため「昭和41年度技術課題」で開発された我国唯一のセミトレーラ輸送用車運車が昭和42年川崎で1輌試作された。荷重は21トンで、総重量10.5トンのセミトレーラ2台を積載することから決定された。

これはセミトレーラの車輪を貨車の台枠内に落し込むことで、高さ方向の制限を緩和するもので、当時は大型の荷役機械が未発達であり、荷役時はトレーラを専用トラクタによりランプウェイを経て貨車床面を走行させ積込む方式であった。

■車体の構造

車体はコキ10000形に酷似した魚腹形側梁からなり、中央部の中梁は省略された。寸法は長さ17.050m・BC間距離13.550mとコキより僅かに短い。

台枠は前後の高床部、続いてセミトレーラの車輪を収める前後2箇所の斜面部(一箇所当りの長さ3,840mm)、その中間の高床部(長さ2,590mm)からなり、斜面部にはトレーラが通過する際の蓋となる「中間渡り板」が設置されていた。渡り板は手動で開閉するため約10kg程

■写真57. クサ9000形9000。

■写真58. クサ9000形トレーラ
積込中。　　　　所蔵：渡辺一策

度の力で操作できるよう3分割して軽量化し、捻りばね
を用いたバランサを設けた。お手本としたフランスは、
床面自体を降下させて斜面とし渡り板を不要とする巧
妙な設計だったが、特許の関係で採用できなかったよ
うである。

　車体上にはトレーラの走行のため、厚さ6mmの縞鋼
板が床板として設けられ、両サイドにはタイヤガイド
が、両端には隣接車輌にトレーラが乗り移るための
「車端渡り板」がそれぞれ設置された。

　セミトレーラの固定は、当初キングピンを専用金具
で緊締する方式を検討したが、荷役が難しかったよう
で、傾斜部底面にある車輪を車輪止となる棒で固定す
る方式に設計変更された。塗色は青15号(濃い青)であっ
た。

■写真59. クサ9000形キングピン受台。　　所蔵：渡辺一策

■**下廻り**

　最高運転速度85km/hとして設計されたが、台車はワ
キ10000形試作車に試作されたTR94を転用した。これ
は車体に大型の傾斜部を持つため、通常のブレーキ装

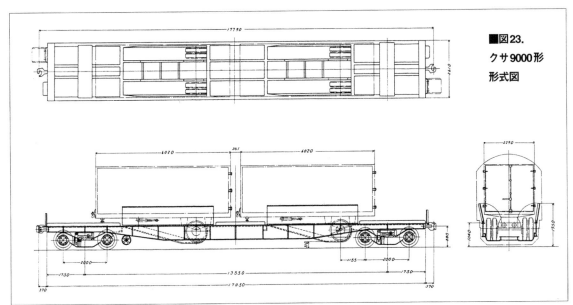

■図23.
クサ9000形
形式図

置の儀装が困難なことから、台車内にブレーキシリンダを内臓したTR94に目を付けたものである。

連結器装置はトレーラの前後動を抑制するため大容量のRD18形ゴム緩衝器を採用し、更に「突放禁止」扱いとした。

ブレーキは空気で、シリンダは台車に内蔵されたパックシリンダをそのまま用いた。積空機能は装備しなかったため、元からあった測重弁等は撤去した。留置ブレーキは手ブレーキで、操作ハンドルは車体側面に設けられた。

■セミトレーラ

積荷であるセミトレーラは2台あり、番号はST1・ST2で財産上は機械扱いであった。

車体は鋼製で、前位床下にトラクタと連結するキングピン、後妻に両開きの開戸があり、走り装置は一軸ダブルタイヤで、前位には留置する際に使用するスタンディングジャッキがあった。更にカンガルー方式特有の装備として貨車に積載する際、専用トラクタと連結するためのノーズピンが前妻に設けられていた。

自重は3.5トン、荷重は当時の道路運送法の昼間通行

■写真61. クサ9000形用トレーラST1。

制限から7トン積とされ、総重量は10.5トンであった。最大寸法は長さ6,219mm・幅2,320mm・高さ2,050mmで、容積は26.6㎥と現在の10トンコンテナより小型で、塗色は銀色であった。

■その後の運用

落成後は積載試験や走行性能試験など、一連の試験に供された後、大鉄局の淀川駅に常備され昭和43年8月から数ヶ月間淀川〜塩浜操間で雑貨積トレーラの長期輸送試験が行なわれた。これはフレキシバン方式コキ9000形との比較試験でもあった。

本形式は荷役の煩雑さとコンテナ輸送拡大のためその後の進展はなく、しばらく塩浜操駅に留置されていたが、同駅がリニアモータ方式の自動化ヤードとなった際、リニアモーターカーの保守用車であるヤ250形250に改造され、昭和47年度に形式消滅した。

6－2 クラ9000形　植松　昌

大型トラックを積載して高速で輸送する低床式ピギーバック貨車の開発にあたり、国鉄では昭和45年度より小径車輪を用いた背の低い台車の研究に着手した。本形式は昭和49年にその台車試験を目的として生まれた試作車である。

小径車輪ではポイント等の分岐器にてレール不案内部分が生ずるため、3軸台車として先頭軸が不案内部分にあっても後ろ2軸で案内するようにした。また車輪のレール接触面圧力と、車輌限界によるレール面から軸受下面までの寸法の制限を考慮した結果、車輪径を350mm、軸重を6トンとし、軸受には外寸の小さなAAR（Association of American Railroads）規格パッケージタイプBクラスの密封形複列円錐コロ軸受を一部設計変更し

■写真62. クラ9000形9000。

所蔵：日本貨物鉄道

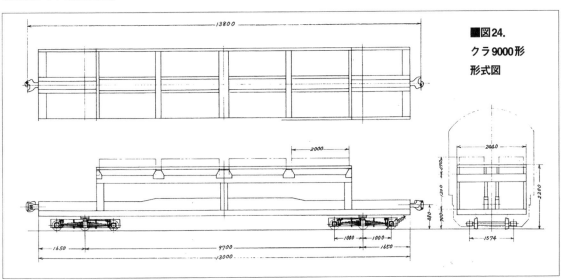

■図24.
クラ9000形
形式図

て使用することとした。

　翌46年度には、ばね装置が異なる2種類の台車を各1台試作した。中央の剛構造1軸台車枠の前後に1軸台車枠をゴムブッシュ入りのピンで結合した連接構造とし、上下方向に容易に撓むようにした。これにより3軸台車でありながら軌道追随性が良くなり、95km/h以上の高速走行が可能となった。台車高さを400mm程度と低く抑えるためボルスターを用いず側受を台車枠外側に設けた。踏面式のブレーキでは必要なブレーキ力が得られないので車輪両側面をブレーキ面とするディスクブレーキ方式とし、基礎ブレーキ装置を台車内に設けるスペースが無いため各車輪にブレーキシリンダを備えた。ばね装置がトーションバーとコイルばねを併用したTR900を日車で、重ね板ばねのTR901を日立で各1台製作し、比較検討を行なった。

　試作台車の走行試験を行なうため、昭和47年度に郡山工場にて仮車体を製作した。側と妻を撤去したトキ15000形19765の台枠を裏返した上に型鋼で櫓状の枠を設け、死重を積むことで車輌重心高さをトラック積載時に合わせられるようにしていた。ブレーキ装置はCL方式空気ブレーキである。

　郡山工場内で試験を行なった結果、輪重抜け特性が良好であったTR901台車を昭和48年さらに1台製作し、時速74km/hまで速度を上げた走行試験を狩勝実験線にて行なった。翌49年、運輸大臣特認によりクラ9000形として形式が与えられ、営業線での走行試験が可能となった。車運車に分類されたが、実際には自動車を積

むことは出来なかった。同年より磐越東線、磐越西線、東北本線にて走行試験を実施し、徐々に速度を高めて時速100km/hまでの走行試験を行なった。試験の結果、長時間ブレーキを掛けた場合の軸受グリスの高温耐久性と中央軸の輪重抜けに改善の余地はあるものの、大きな問題は無かった。しかし当時の国鉄貨物輸送はコンテナ輸送の拡充に重点が置かれていたため、トラック輸送の研究は51年の走行試験をもって中断されてしまい、昭和58年の再開時、チサ9000形に改造された。

6－3 チサ9000形　　　植松　昌

　昭和58年、大型トラック輸送用のピギーバック貨車の実用化に向け、実際にトラックを積載して走行試験が行なえるようクラ9000形を改造し、TR901台車と幡生工場で新製した低床車体を組み合わせ誕生した。

　11トン積みの大型トラック（総重量20トン）を積載するには小径車輪台車のTR901を使用しても平床では床面高さが不充分であった。一方、拠点間輸送を前提にすれば途中駅での積卸しを考慮する必要が無いため、トラックの積卸しは編成端の車両妻よりランプウェイを利用して自走にて順次行なう方式とし、自走に問題が無い範囲でトラック積載部の床を低くした。これにより床面高さは通常の1,100mmから400mmまで下げられ、トラックの最大高さ3,800mmに対し、平ボディのトラックであれば車輌限界内で3,200mmまで積荷の積載が可能となった。その代わり、トラックの最大長さ

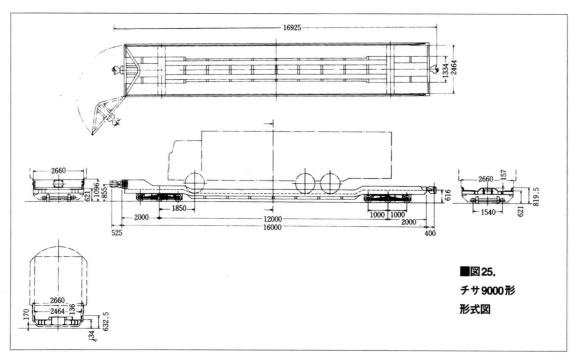

■図25.
チサ9000形
形式図

■写真63. チサ9000形9000輸送試験。 　　　　　　　　　　　　所蔵：日本貨物鉄道

12,000mmを満足するために車体長が16,000mmと長くなった。低床貨車では連結面高さも低くなるが、本形式では1輌だけの試作のため特殊な構造をしている。

　すなわち一端は機関車と連結するため自連を開閉端梁に内蔵させ高さを860mmとし、トラック積卸しの際には側梁にピンで結合された開閉端梁を手で開閉する。また他端の連結器高さは低床貨車同士用の621mmであるため、コキ50000形51424の片側の連結器を下げる改造を行ない控車として組入れ、2輌ユニットとして走行試験を行なった。トラックの固定方法は自動締結も可能であったが、コストが高くなるため簡便な手扱いのものとした。ブレーキ装置はＣＬ21空気ブレーキを採用した。なお、車体の塗色は青15号(濃い青)であった。

　台車はクラ9000形で製作したTR901の軸受グリスを高温耐久性に優れたものに変更し、制輪子も合成制輪子から焼結合金製に変更してブレーキ時の車軸への熱伝導を抑えるよう改良した。また、本形式では車体部分がほとんど無いため、クラ9000形に比べ輪重抜けが起こり難いが、ばね定数の低い担ばねによる比較試験も行なった。

　昭和59年2〜3月、山陽本線で105km/hまでの走行試験を実施し、さらに翌60年

■写真64. チサ9000形9000。 　　　　　　　　　　　　所蔵：日本貨物鉄道

■写真65. チサ9000形台車TR901。
1985.11 東京タ P：渡辺一策

11月〜61年3月には11トントラック又はトレーラーを積載しての長期試験輸送が行なわれている。この耐久試験は東京タ〜下関・浜小倉間コキ20輌編成のライナー列車に増結の形で行なわれ、本車輌には"ピギーバック号"の愛称標記板が取付けられた。これらの試験で技術的な目処はたったものの、車輌限界の関係から

トラックの積荷の高さに制限が必要であり、ボディが覆われているバンタイプのトラックは輸送できなかった。また積卸しも平床でないため作業性が良いとは言えず、大型トラックのピギーバック輸送は実現に至らなかった。本形式は、その後は使用されていないが、現在でも在籍している。

6－4 コキ70形

尾崎寛太郎

平成3年に高さが9フィート6インチの背高国際海上コンテナと大型トラックピギーバック輸送両用の多目的低床貨車として1ユニット2輌が試作された。トラックは地上側にランプウェイを設け自走により積卸しをする。このため，台枠の一端は端梁が開閉する構造になっている。反対側には渡り板が設置してある。床面にトラックの走路を設けたため，12ftコンテナの緊締装置は設けず，20ft以上のコンテナの積載に対応し，緊締装置は着脱式とした。

床面高さをコキ100系より300mm低い709mmとするため、車輪は新開発の610mm小径車輪を採用した。台車はシュブロンゴム支持の軸箱とボルスタレス式空気ばねを採用した新設計のFT11となった。枕ばねはコイルばねでは積空時のたわみを吸収できなくなり空気ば

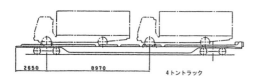

■図26. コキ70形のピギーバック輸送時積付図
所蔵：渡辺一策

■写真66. コキ70形902。
1993.9 東京タ P：植松 昌

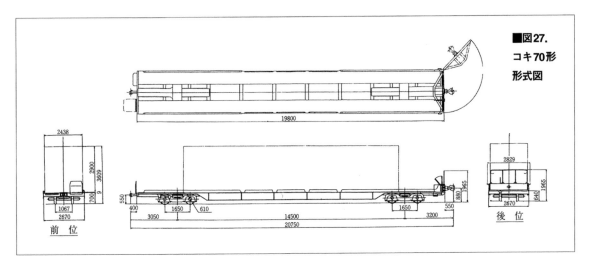

19800

2438
2900
3609
9 700
1067
2670
前位

550
400 3050 1650 610
14500
20750
1650 550 880 1965
3200
後位

2829
1965
640
2670

ねを採用した。ブレーキ装置の電磁弁は奇数号車(901)に配置している。踏面ブレーキを設けるスペースが無いため、JR貨車として初めてディスクブレーキを採用し、滑走防止用のアンチロック装置を装備した。

ユニット間の中間連結器は低床化にともないレール面上550mmとし、貨車として初めて固定連結器を採用した。

コンテナはJR20ftが3個、ISO20ftが2個(20.3トン)ないし1個(24.0トン)、JR30ftが2個、ISO40ftおよび45ft

が1個積載できる。一方、トラックは車輌限界内という制限付ではあるが、11トン積1台、4トン積2台、20kℓタンクローリ1台が積載できる。

車体色はファーストブルー(明るい青)で、床下機器,台車は灰色1号である。

本形式は多目的車であると共に滑走防止装置の取付が大きな特徴であり、その試験を行なうことも一つの目的であった。しかし1ユニットの試作に止まり、以後の低床貨車にも滑走防止装置は採用されていない。

■写真67. コキ70形台車FT11。
1993.9 東京タ P:植松 昌

コラム8: ピギーバックの基本形態

本書第6〜8章ではピギーバックを積載するトラックの種類別に分類して記述したが、貨車の形態別に分類すると図のように4方式となる。図ではトレーラを分離した場合のみ示しているが、本書にある各形式ではトラックそのままを積載する例が多い。各方式は貨車、トラックの積載可能寸法(車輌限界)、車輌構造、荷役の難易度などにより一長一短がある。

アメリカでは本図1.の方式のTOFC(Trailer on Flat Car)と呼ばれるピギーバック輸送が盛んであったが、最近はダブルスタックトレインに代表さ

ピギーバックの基本形態形態

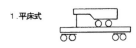
1.平床式

3.低床平床式

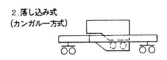
2.落し込み式
(カンガルー方式)

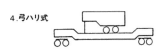
4.弓ハリ式

れるコンテナ輸送＝COFC (Container on Flat Car)の発達により減少している。

一方、近年の欧州では直径36cmの小径車輪つき低床4軸ボギー車に大型

トラックをそのまま載せるRollende Landstrasse(動くハイウェイ)と称する貨車がドイツ、スイス、イタリアなどでアルプス越えの輸送に活躍している。

第7章　タンクローリピギーバック

昭和60年わが国有数の石油精製地帯である名古屋臨海工業地帯から石油の鉄道出荷を拡大することを目的とし、油槽所不要の新システムであるタンクローリピギーバック輸送の研究会が名古屋臨海鉄道内に発足した。国鉄、石油会社、日本車輌と共同で、技術的課題とコストについて検討され、当時最大の20kℓタンクローリのピギーバック輸送が道路輸送に対してコスト的にメリットがあることが判明した。

そして以下のような段階で開発試作ー量産製造と進められ、諸外国にも例がないタンクローリピギーバックが短期間ではあったが実用化したのである。

7－1 チキ6000形改造試験車
福田孝行

昭和62年タンクローリの貨車への緊締方法等とタンク体強度の基礎データ収集のため現車試験の実施が計画され、試験車としてチキ6000形6358、6316の2輌がJR貨物名古屋工場と日本車輌で改造された。積載するタンクローリは20kℓセミトレーラタンクローリのトレーラ部で、チキ6000形1輌に1台積載する方式とした。改造内容は写真から判断すると下回りと車体はそのまま使用し床面上にタイヤ止めとキングピン固定装置を設けた程度と推測される。

昭和62年7月10日名古屋臨海鉄道南港駅で打当試験、南港～東港間で本線走行試験が実施された。試験では改造したチキ6000形2輌に20kℓタンクローリ各1台をずつ積載し、1台にはガソリン満載相当の水16トンを積載し、もう1台は空車とした。打当試験はDL＋ヨ8000形1輌＋チキ6000形2輌の試験編成を静止したトキ25000形2輌に速度3～10km/hで打当てて行い、本線走行試験は最高速度45km/hでの走行と急加速、急制動試験を実施した。試験結果は良好でタンク体の強度と緊締方法に関する基本的な問題が無いことが確認された。

7－2 クキ900形
福田孝行

タンクローリーピギーバック輸送の実用化に向け、実際にガソリンを積載して時速85km/hで本線を高速走行する試験を実施するため、平成元年にクキ900－1が日本車輌でコキ1000形から改造された。荷重は27トン、自重約20トンである。

消防法では石油を積載したタンクローリーのトレーラとトラクターヘッド（運転台）を分離することが禁じられていたため、トラクターヘッド付きの20kℓタンクローリを1台積載する方式とした。ランプウェイも貨車と同時に製造し、自走により貨車への積込み、荷卸しの作業性を確認する試験も行うこととした。

■写真68. チキ6000形6316 タンクローリ積載試験。　　　　　1987.7　南港　ないねん出版『名古屋臨海鉄道』より

■写真69. クキ900形1。　　　　　　　　　　　　　　　　　　　　　　　　所蔵：渡辺一策

　種車となったコキ1000形は昭和43、44年に70輌製造
された海上コンテナ専用車で、車端衝撃力を減少させ
るため大容量の油圧緩衝器とゴム緩衝器を2段に備えて
いた。車体長さは14,860mm、全長は16,320mmである。
改造ではコキ1000形の緊締装置と手ブレーキ装置を撤
去し、床面にタンクローリの走行路とタイヤガイドを、
さらにタンクローリ積載時に使用するタイヤ止めを、
車端には踏段を設けた。車体側面には留置ブレーキを
設けた。ASD方式空気ブレーキ装置とTR215F台車は種
車のものを使用した。塗色は車体がコンテナブルー（鮮
やかな青）、台車が灰色1号である。
　試験は平成元年7月26、27日にJR北海道東室蘭－北
見間で実施された。東室蘭駅でガソリンと灯油をそれ
ぞれ10kℓ積載した20kℓタンクローリをクキ900－1に積
載し最高速度85km/hで本線走行、翌朝北見へ到着した。
試験の結果、高速走行時の振動は道路走行時より少な

■写真70. クキ900形1　輸送試験。　　1989.7　日本貨物鉄道提供

く安定していることが分かり、実用化へ向け大きく前
進した。試験終了後、輪西に長期留置されていたが平
成12年に廃車となった。しかし17年現在でも現車は解
体されずに残存している。

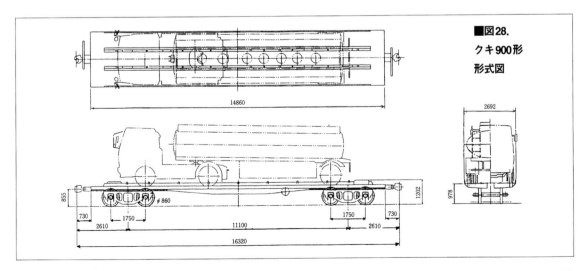

■図28.
クキ900形
形式図

14860

855　　φ860
730　1750　　　11100　　　1750　730
2610　　　　　　　　　　　　　　2610
16320

1202

2692

978

■写真71. クキ1000形2。

1992.3　新座タ　P：渡辺一策

7－3　クキ1000形
福田孝行

　平成に入るとバブル経済の影響でトラックの運転手不足に加え、首都圏では慢性的な交通渋滞のためタンクローリによるジャストインタイムサービスが困難な事態となっていた。日本石油ではタンクローリピギーバック輸送による首都圏バイパス輸送の実用化を日本石油輸送とJR貨物と共同で進め、平成4年3月に横浜本牧～新座貨物ターミナル間で輸送を開始し、同年6月には越谷貨物ターミナルも着駅に加わった。

　この輸送用としてクキ1000形44.4トン積車運車が開発され、平成3、4年に日本車輌でクキ1000－1～20の20輌が製造された。20kℓセミトレーラタンクローリ2台、または14kℓセミトレーラタンクローリ3台を積載する。最高速度はクム1000形と同じ110km/hで計画されたが、実際にはタキ1000形と同様の95km/hとした。

　所有者は日本石油輸送、常備駅は浮島町である。なお、クキ900形で問題となった消防法上の問題は、「鉄道車輌への積込みと取卸し時は除外する」とした法改正が平成3年に行われ解決した。

　設計上の難易度は非常に高く、その中でも重心の低下が最大のポイントであった。平床構造の貨車にタンクローリを2台積載しても車輌限界を超えることはないが、重心が2mと高く脱線の危険性があり、設計速度110km/hでは重心高さを1.7m以下とする必要があった。設計ではタンクローリのタイヤが乗る側梁をレー

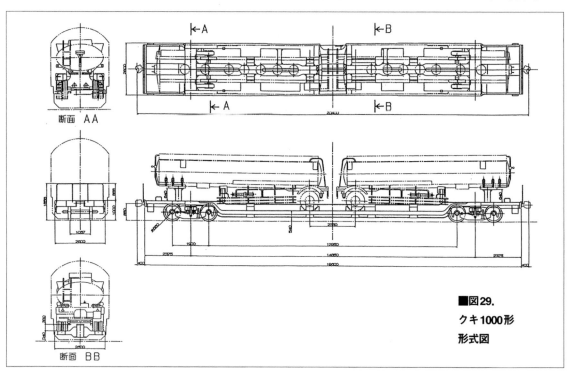

■図29.
クキ1000形
形式図

断面AA

断面BB

■写真72. クキ1000形積込作業。タンクローリを吊り上げているのがリーチスタッカである。　　　　　1992.3　新座タ　P：渡辺一策

ル上540mmの弓形梁構造とすることでこれを解決した。中梁はタンクローリの車軸との干渉を避けるため上面高さ870mmの貫通構造とし、その断面高さはタンクローリ重量の半分を中央で負担するため670mmと厚い。台車から端梁までの床面高さ1,000mm、車体長19,600mm、BC間距離14,850mmはコキ100系コンテナ車と同一である。タンクローリとは台車付近の中梁に設けた受台でキングピンを固定する構造とした。

台車はFT1の枕ばねを変更したFT1-1、基礎ブレーキはCL応荷重装置付空気ブレーキ、手ブレーキは通常のハンドル式の留置ブレーキを設けるスペースがない

ためラチェット式の特殊な構造を採用した。塗色は車体が青紫色、台車及び床下機器は灰色1号である。

タンクローリの貨車への積込み・取卸し用として新たにリーチスタッカを導入した。これは、リーチスタッカに装着した油圧制御の吊具の2本の爪でタイヤホイルを、もう2本の爪でキングピン付近のタンク体側面をつかみ、吊り上げる方式である。

当初は1列車4～9輌の運用であったが、平成4年9月に20輌が揃ってからは18輌編成の完成列車となった。

しかし首都高速湾岸線の開通とバブル崩壊による景気後退の影響によりタンクローリの道路輸送の問題点が少なくなり、タンクローリピギーバック輸送は相対的に高コスト化し平成8年3月に打ち切られた。

その後他へ転用されることなく同年10月に全車廃車・解体された。わずか4～5年の命であった。なお、リーチスタッカはその後40ftコンテナ用トップリフタに改造され活躍している。

■写真73.
タンクローリピギーバック8091列車。
1992.7　東所沢－新秋津　P：渡辺一策

リーチスタッカによるクキ1000形へのタンクローリ積込作業。
1992.3　新座タ　P：渡辺一策

早朝の東京貨物ターミナル駅に到着する4トンピギーバック専用列車。さまざまな運送会社のトラックが積まれている。　　　1991年頃　ジェイアール貨物・リサーチセンター提供

第8章　4トントラックピギーバック

大型トラックピギーバック輸送の開発が遅れていたなかで昭和60年、通運大手の西濃運輸から4トントラックのピギーバック輸送が国鉄に提案された。

一般に、4トン積みのトラックは地域の集配に用いられ、都市間の幹線輸送は10トン積み以上の大型車を使うことから、途中のトラックターミナルで積替え作業が必要になる。提案はこの積替えを省き4トントラックをそのまま貨車に載せることで作業時間の短縮やコスト低下を図るものであった。

普通車輪の貨車で可能なこの方式は61年11月から早くも本輸送が始まり、多くのトラック業者が参入、本州内の主要都市を網羅する急成長を遂げたのである。

しかし中型トラックをキャブ付で貨車に載せることは正味貨物の積載効率が劣るという基本的な問題点があり、不況の長期化で輸送量が減少すると各社一斉に輸送から撤退、最も利用の多かった中越運送は中型トラックに積載可能なUV26Aライトコンテナに輸送を切替えて、4トンピギーバックは平成12年に廃止されてしまった。

8－1　クム80000形　　関本　正

通運会社の4トン積み中型トラックを2台積載するピギーバック輸送用車運車で、国内で初めて営業運転を実現した形式である。昭和61～平成3年に日車、川重およびJR貨物広島車両所で79輌が新製された。全車、日

本フレートライナー㈱の保有する私有貨車である。

車体長さは18300mmで長さ8.5ｍまでのトラックを2台積載できる。貨車1輌の輸送力は2台積の場合で大型トラック1台分に相当する。床面高さは970mmで、トラックの荷台容積を極力大きくとれるよう、わずかだが低床化を図った。荷重は16トンであるが、これには

■表10. 4トンピギー1日当り輸送台数　　(H04.3現在)

輸送区間	トラック台数	運送会社名	トラック台数
東京タ～名古屋タ	20	中越運送	120
東京タ～梅小路	20	三八五貨物	28
東京タ～梅田	88	福山通運	24
東京タ～大阪タ	16	新潟運輸	25
東京タ～東福山	4	西濃運輸	20
東京タ～東広島	16	東名鉄運輸	20
東京タ～新潟タ・南長岡	16	第一貨物	20
百済～南長岡	16	王子運送	20
田端操～新潟タ・東三条・南長岡	80	フットワークエクスプレス	16
隅田川～新潟タ	12	藤川運輸	16
隅田川～八戸貨物・東青森	24	トナミ運輸	12
小名木川～宮城野	8	岡山県貨物	12
隅田川～秋田貨物	4	信州名鉄運輸	12
隅田川～盛岡タ	20	近鉄物流	8
		中央運輸	8
		久留米運送	4
計	364	計	364

■写真74. クム80000形80000。トラックの所有者は西濃運輸。

所蔵：渡辺一策

■写真75. クム80000形緊締装置。

トラック2台分の自重が含まれており、運賃が割高になる点がピギーバック衰退の遠因ともなった。

　車体はコンテナ車類似の台枠にトラック積載用の床板を設けた構成である。台枠は独自の魚腹形状をした左右の側梁を、枕梁、横梁、端梁で連結し溶接組立てしたものである。積荷の荷重と車端衝撃は側梁で負担しており中梁は車端部のみとして軽量化を図った。

　床板はトラックの走行路でもあるためできるだけ平坦にし、隣接車輛間の渡り板を備える。トラックが幅方向の車輌限界に抵触しないよう、タイヤガイドが設けてある。走行路にはトラック前輪の位置を決めるバーを設け、運転手が自ら停止位置を認識できるようになっている。

　塗装は車体がファーストブルー(明るい青)、台車、連

結器は灰色1号である。

　下回りは台車がTR63Fで、連結器とともに新製価格抑制のためク5000形の廃車発生品を再用したものである。ブレーキは応荷重装置、指令変換弁付き自動空気（CL）式ブレーキでコキ50000形250000番代と同じ仕組みである。また、留置用の手ブレーキを側梁に設けた。最高速度は100km/hで設計、製作されたが、当初は95km/hとして運用された。

　新製年次等による形態の変化は以下のとおり。

(1) 昭和62年度　80018〜80054　37輌

　トラック運転手の乗降用に手すりと踏段を追加したグループである。従来、片側あたり3個の足かけが設けられていたものの、登りにくいことから、これとは別に車端部隅の点対称となる位置2箇所に手すりと踏段を

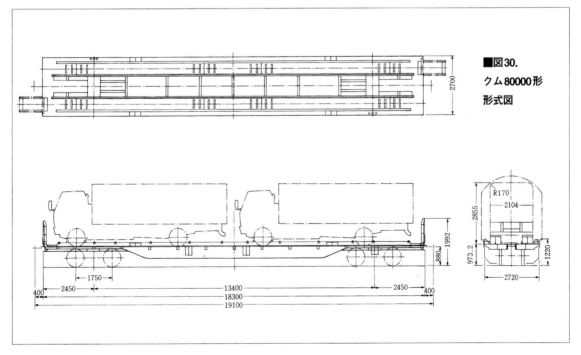

■図30.
クム80000形
形式図

■写真76. クム80000形編成の東海道線ピギーバック列車。トラックの所有者は福山通運。　　　　1989.3　大船　P：堀井純一

設けた。

　設置数や場所にはいくつか試行され、それぞれを比較のうえで決定された。その後、未設置の車輌も改造が行われている。

(2) 昭和63年度　80055〜80063　9輌（寒地向け）

**　　　　　　　　　　80064〜80068　5輌**

　当該年度は2タイプが新製された。

　80055〜80063の9輌は新潟地区での運用実績を基に雪害対策を施した車輌である。変更点は、雪害対策としてトラック用車輪止めブロックの増設と収納場所の変更である。トラックの移動防止には駐車ブレーキをかけていたが、冬季の列車走行中にブレーキが凍結してしまい、着駅で発進ができなくなることがあった。この対策として、前後輪全てを車輪止めブロックで固定するため、貨車に備える数を8個から16個に増やした。収納場所は雪の影響が少ない側梁下縁に変更された。

　80064〜80068の5輌は前年度新製された車輌と同じ仕様である。

(3) 平成元年度以降　80069〜80078　10輌

　車輪止めブロックの収納場所を床面上に戻し、その

■写真77. クム80000形80060・側梁下縁に車輪止めを片側8個収納。　　　　1988.8　隅田川　P：渡辺一策

■写真78. アメリカ製キャンピングカーの輸送に使われたクム80000形。　　　　1989.8　横浜本牧　P：堀井純一

配置を並行して新製されていたクム1000形に準じたものとしたタイプである。

　昭和61年11月のダイヤ改正で、東京（タ）を起点に名古屋（タ）、大阪（タ）、東広島の4駅3区間で営業を開始した。各列車ともコンテナ車編成の一端に1輌から5輌のクムを併結する形態であった。営業開始に先立ち、トラックを載せた状態で汐留駅着発線に展示され、ピギーバック輸送がPRされた。

　翌年以降、各地で新ルートの開設や新規事業者の参入が相次ぎ、ピギーバック輸送は平成4年3月まで拡大を続けることになる。

　まず、昭和62年7月に日本海縦貫線経由で大阪（タ）～沼垂間が新設され、昭和63年7月には上越線経由の隅田川～南長岡、沼垂間各1往復の運転が始まった。

　平成元年3月のダイヤ改正では、東京（タ）～名古屋（タ）間（55レ、54レ）の最高速度が100km/hとなり、本来の性能での運転を始めた。同年6月には上越線の列車を1往復に集約の上、編成をクム12輌＋コキ5輌に増強した。この列車（2083レ、2082レ）は中越運送がトラックの輸送枠を独占し＜ピギー中越号＞の愛称が付けられた。平成2年3月にはクムのみ17輌編成のピギーバック輸送専用列車として独立し、同年10月には20輌編成に増強された。

　この頃はクム1000系の投入で運用に比較的余裕があ

ったことから、ピギーバック輸送以外の使われ方が見られた。一例を挙げると横浜本牧～梅田間の輸入キャンピングカー輸送があり、7月から10月までの輸送実績は70台に達した。

　平成2年3月、東北地方で初めてとなる隅田川～盛岡（タ）間が新設された。この列車には継送により八戸貨物行きとなる車輌が連結されていた。

　しかし、景気後退の影響で、ピギーバック輸送を取り巻く環境は急変した。平成4年度の年間輸送実績98500台が6年度には62800台へ急減し、同年12月のダイヤ改正ではトラックの輸送枠が364台から284台へと初めて削減され、余剰による廃車が発生した。

　これ以後の個別、具体的な異動の詳細はあまり明らかでない。その上、運用離脱から廃車まで各地の駅構内で長期間留置されていたこともあり、輌数表上の動きと実際の輸送動向の間には、時期的な乖離があることに注意を要する。

　平成10年までの段階で、クム80000形は新潟（タ）～大阪（タ）間（4073レ、4072レ）で運用されていたが、12年3月改正をもって廃止された。これが国内最後のピギーバック輸送列車であったと思われる。

　その後も13輌が車籍を残していたが、平成15年度に廃車され形式消滅した。

■写真79. クム1000形504。トラックの所有者は中越運送。

1998.8 新潟タ　P：渡辺一策

8－2　クム1000形・クム1001形

関本　正

通運会社の中型トラックを2台積載するピギーバック輸送用車運車で、増結による輸送力増強と最高速度110km/hへの向上を目的に、コキ100系コンテナ車と併結が可能な電磁自動空気（CLE）式ブレーキを採用した。ブレーキの給排気用電磁弁の有無でクム1000形とクム1001形の2形式あり、各形式1輌、2輌1組でユニットを構成する。

クム1000形は電磁弁を持つ形式で、平成元・2年に－1～－37と2～4年に－501～－554の計91輌が日車、川重で新製された。このうち、－1～－はクム1001形とユニットを組む車輌で、－501～は単独で運用できる車輌である。クム1001形は電磁弁を省略した形式で、平成

元・2年に　－1～－37の37輌が日車、川重で新製された。2形式とも日本フレートライナー㈱の保有する私有貨車である。

ピギーバック輸送は運行開始以来、取扱区間、利用社、トラックの輸送台数が順調に拡大し、新ルートの開設あるいは増結の際は、クム80000形の増備が重ねられていた。一方、東京～大阪間の東海道本線では貨物列車の増発が限界に近づき、一列車あたりの輸送力を拡大する必要に迫られていた。そこで、昭和63年秋から量産されていたコキ100系コンテナ車の輌数増加に合わせて、併結のピギーバック輸送用車運車についても、コキ100系と機能、性能を揃えた新形式を投入して、増結による輸送力増強を図ることになった。

新形式はトラックの積卸方法を従来通り、前進自走による水平荷役方式としたことから、床面の構成はク

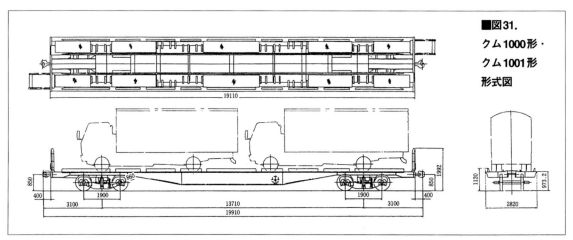

■図31.
クム1000形・
クム1001形
形式図

■写真80. クム1000系ピギーバック列車。　　　　　　　　　　　　　　　　1992.7.19　真鶴－根府川　P：森嶋孝司（RGG）

ム80000形に準じ、台枠構造、台車・ブレーキなどの下回りはコキ100形との共通部品が多かった。

　車体は魚腹形の側梁に中央部中梁を省略した台枠にトラックの走行、積載用に床板を設けた構造である。

　台枠は側面から見るとコキ100形にうり二つで、車体長19,100mm、台車中心間距離13,710mmは同寸法である。床面高さはクム80000形と同じ970mmで、コキ100形に比べて30mm低い。これは側梁、横梁といった台枠各部材の天地寸法を詰めて対応した。

　床面には走行路、タイヤガイド、隣接車輌間の渡り板を備える。トラック運転手の昇降ステップ、手すりはクム80000形での試行に基づいて位置と数を定めた。

　塗色は車体がファーストブルー、台車、連結器は灰色1号である。

　下回りは、台車がFT－1、ブレーキが電磁自動空気（CLE）式ブレーキである。手ブレーキハンドルは側梁に設けた。クム1000形に給排気用電磁弁を設け、クム1001形には元空気だめ管と制御引通しのみを設置した。最高速度は110km/hである。

　連結器は並型自連であるが、ユニットの分解を車輌所外で行なわない前提で、経済性を考慮し、解放てこの省略、各種渡り線を固定にした。

　平成元年6月、コキ100系への置替えが進む東海道・山陽本線向けに順次投入され、ピギーバック輸送列車

の増結、最高速度の向上を図った。この時捻出されたクム80000形は、東京～新潟間の＜ピギー中越号＞に使用するため、常備駅が東京（タ）から沼垂へ異動している。また、単独運用可能な500番代のうち41輌は隅田川常備とされ、クム80000形と共に東北方面で使用された。

　平成2年3月のダイヤ改正では東京（タ）～梅田間（5093レ、5092レ）が、増結によりクム22輌＋コキ4輌の26輌編成となり、トラックの輸送枠は11社に配分された。牽引定数の余裕分にコキ車を連結しているものの、実質的にはピギーバック輸送専用列車であり、編成輌数は国内最大である。一方、最高速度の向上による110km/hでの運転は平成4年3月のダイヤ改正で初めて実施された。西岡山→東京（タ）間の5054レがそれで、東京（タ）～東福山間の上り便にあたる。

　平成5年以降、ピギーバック輸送の退潮で余剰車が生じ、6年に4ユニット8輌が廃車された。新製後わずか5年での廃車だったこともあり、台車がコキ104形新製車（104－1981～－1988）8輌に再利用されている。

　その後、輌数表上では数字に変化がないものの、利用社の撤退による輸送ルートの休廃止で、実際には相当数が余剰車として各地に留置されていた。平成10年10月の段階では、120輌（ユニット車33組、500番代54輌）が在籍していたが、設定は東海道・山陽本線のみ5

■写真81. クム1000系を機次位に連結した東海道線最後のピギーバック輸送。トラックの所有者はフットワークエクスプレス。

1999.6　横浜羽沢〜鶴見　P：関本　正

駅4区間に各1往復で、使用は22輌（往復）に過ぎない。

クム1000系によるピギーバック輸送終了の時期は明確でないが、東京（タ）〜梅田間（5051レ、5050レ）の運行が平成11年6月末まで確認されている。その後も2形式合わせて104輌の車籍が残されていたものの、稼動車はなかったようで、平成15年度に残存全車が廃車になり形式消滅した。

コラム9: ピギーバックトラックの積卸作業

ピギーバックトラックの積卸方法には大別して水平荷役方式と垂直荷役方式の2種類があり、日本の4トンピギーでは水平荷役方式が採用された。海外ではユーロトンネルの「Le shuttle（ル・シャトル）」などが同じ方式である。この方式の利点は、初期投資額が小さくて済み、作業時の安全性が高いことで、積卸作業の効率は低いものの当面の需要を満たすには十分であった。

作業は荷役線に留置されたクム編成の一端にランプウェイを据付け、トラックは貨車列上を自走、前進して所定位置に積載される。貨車に積載後、トラックの移動防止は駐車ブレーキ、車輪止めブロック、ラッシングワイヤの緊締によって行なわれる。

トラックの向きは原則として列車の進行方向に対して前向きに載せる。これは列車が走行する時の空力特性を考えてのことであるが、実際には発着駅の構造上、後向きに載せた例も多い。

地上とクム床面とを結ぶ斜路を構成するランプウェイは、全長8.4m、斜路の傾斜角7°で、フォークリフトにて運搬することができる。

一方、垂直荷役方式は、将来、途中駅での積卸しが必要になることを想定して、昭和61年度の技術課題にて荷役機械が試作されている。これは10トン（20ft）コンテナ用のフォークリフトにアタッチメントを取り付け、トラックを側方から上下を挟み込んで持ち上げるタイプのものであった。

4トントラックピギーバック・ランプウェイによる積込。　1998.8　新潟タ　P：渡辺一策

■写真82. 専用トラック積載のクサ1000形902。

1993　ジェイアール貨物・リサーチセンター提供

8－3　クサ1000形　　　関本　正

　4トン積みの中型トラック3台を積載できる「スーパーピーバック」輸送用車運車の試作車で、平成5年に川重で2輌が製造された。従来のピギーバック輸送では、貨車1輌あたり中型トラックは2台積みだったため、ほぼ同じ車体長のコンテナ車に比べると積載容積が2/3にとどまり輸送効率が問題になっていた。そこで、車体を短く貨物室容積を拡大した専用トラックを新たに開発し、これを3台積みとすることで輸送効率の向上を図ることになった。新方式は従来のピギーバック輸送と区別のため「スーパーピギーバック」と呼ばれる。

　車体は多目的コンテナ車として試作されたコキ70形を基本に、ピギーバック用車運車向けに車体構造を変更した。奇数号車と偶数号車の2輌ユニットであるが、連結部のトラック走行性向上のため量産時には4輌ユニットとする案もあった。

　車体長は、専用トラックを3台積載できる20500mm、床面高さは700mmの低床構造である。既存の機関車および貨車との連結と、トラックの積込みをランプウェイから乗込む水平荷役方式を考慮してユニット外側の車端部はコキ70形と異なる。走行路のこの部分には油圧昇降装置が設けてあり、通常は走行路を下降、水平にして、トラックの車高を低くし、積卸し作業でトラックが移動する時に上昇、傾斜させて段差を解消する。

　塗色は車体がファーストブルー、台車が灰色1号である。

　台車はFT－12で、コキ70形のFT－11を基本に軸距を1800mmに延長したものである。直径610mmの小径車輪を用いていることから、コキ70形と同様ディスクブレーキが採用された。ブレーキ装置はコキ70形、クム1000系と同じ電磁自動空気（CLE）式で、手ブレー

■表12.

クム80000、クム1000・1001、クサ1000落成表

形　式	番　号	製造年月	製造所	新製時常備駅
クム80000	80000〜80009	S61.10	日車	東京タ
クム80000	80010〜80015	S61.10	川重	東京タ
クム80000	80016〜80017	S61.12	川重	東京タ
クム80000	80018〜80019	S62.6	日車	東京タ
クム80000	80020〜80023	S62.9	日車	東京タ
クム80000	80024〜80031	S62.10	日車	東京タ
クム80000	80032〜80036	S62.11	日車	東京タ
クム80000	80037〜80039	S62.9	川重	東京タ
クム80000	80040〜80048	S62.11	川重	東京タ
クム80000	80049〜80050	S62.11	JRF広島	東京タ
クム80000	80051〜80054	S63.3	川重	東京タ
クム80000	80055〜80060	S63.7	日車	沼垂
クム80000	80061〜80063	S63.8	日車	沼垂
クム80000	80064〜80068	S63.10	川重	東京タ
クム80000	80069	H01.9	川重	沼垂
クム80000	80070〜80071	H03.3	川重	隅田川
クム80000	80072〜80078	H03.5	川重	隅田川
クム1000,1001	1〜12	H01.6	川重	東京タ
クム1000,1001	13〜15	H01.6	日車	東京タ
クム1000,1001	16〜18	H01.6	川重	東京タ
クム1000,1001	19〜22	H01.6	日車	東京タ
クム1000,1001	23〜28	H02.3	川重	東京タ
クム1000,1001	29〜30	H02.2	日車	東京タ
クム1000,1001	31〜34	H02.3	日車	東京タ
クム1000,1001	35〜37	H02.9	川重	東京タ
クム1000	501〜510	H02.2	川重	東京タ
クム1000	511〜513	H02.2	日車	東京タ
クム1000	514〜520	H02.2	日車	隅田川
クム1000	521〜526	H02.9	川重	隅田川
クム1000	527〜528	H03.2	日車	隅田川
クム1000	529〜531	H03.2	川重	隅田川
クム1000	532〜538	H03.6	日車	隅田川
クム1000	539〜546	H03.7	日車	隅田川
クム1000	547〜551	H03.9	川重	隅田川
クム1000	552〜554	H04.3	川重	隅田川
クサ1000	901〜902	H05.7	川重	

■写真83. クサ1000形車体全景。
1993年　ジェイアール貨物・リサーチセンター提供

キハンドルを側梁に設けた。最高速度は110km/hである。

　同時に開発された専用トラックは積載効率向上のため従来のピギーバック用トラックに比べて、車体長を短縮（8.5m→6.5m）、貨物室高さを拡大（3200mm→3490mm）した。貨物室は運転台後方の他、車体のあらゆる空間を活用して設置された。このため、外観は運転台と貨物室が一体化したワンボックスタイプとなり、貨物の積載容積は31.84㎥で平均的な20ftコンテナとほぼ同じ容積が確保された。

　貨車2輌、トラック3台の試作車は日本フレートライナーの所有として完成し、平成5年9月には東京貨物

（タ）～熱海間で走行試験が行われ、10月には東京貨物（タ）で試作車が関係者に披露された。

　計画では平成6年6月に小名木川～新潟貨物（タ）間で営業を開始の予定であった。その際、貨車は日本フレートライナー所有の私有貨車、専用トラックは各利用社が用意することで準備が進められていた。しかし、平成6年に入ってからコンテナ、車扱貨物とも順調に伸びているが、ピギーバック輸送に限っては前年同月比で－20％と低迷し回復の見通しも立たないため、9月に本格的導入を断念した。

　貨車は正式に車籍編入されないまま留置され、トラックも別の場所で放置されていた。

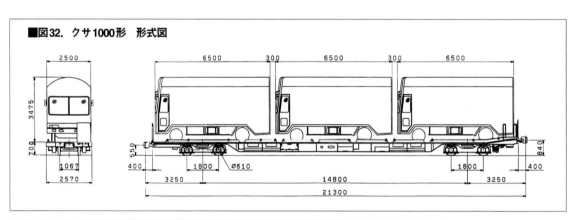

■図32. クサ1000形　形式図

　クムに積載されるトラックは、荷重4トン、箱型荷台の4輪車で、ピギーバック輸送専用車に指定されているものに限られている。道路交通法施行規則の規定では中型に分類され、普通運転免許で運転することができた。運転や荷役の取扱いを共通化し、車体価格を抑える観点から、市販車をベースに仕様を変更した特注車となっている。

　特徴としては、鉄道の車輌限界（第3縮小車輌限界）によって車体高さを3.0～3.2mと低く抑える必要があり、荷台容積の確保には長さを伸ばして対処している。外観上目立つアーチ状の屋根は容積確保の他、荷台内での作業性改善にも役立っている。トラック1台分の容積は25㎥前後で、やや小さめの20ftコンテナ1個分とほぼ同じである。

る。

　通運事業者によっては、運行区間を限って車体を大型化したトラック（容積28.8㎥）の導入や、荷台屋根をFRP製とした例がある。また、医薬品輸送用の簡易保冷車、洋服の積込みに適合したハンガー車、屋根の開くウィングルーフ車などが開発された。

第9章　車を運ぶコンテナ

　JR貨物が発足してから、車扱のコンテナ化という基本線に沿って新しい方式での乗用車コンテナ輸送もいくつか試みられてきた。そしてカーパック、カーラックという方式が相次いで開発され、ある程度の実績は挙げたのだが輸送量としてク5000形全盛期とは比べるべくもなく、残念ながら乗用車コンテナ輸送は低迷している。また軽自動車、オートバイについても専用コンテナが造られたが、最近では汎用コンテナが利用されている。

9−1普通コンテナ車に積む自動車用コンテナ
渡辺一策

(1) 昭和60年11月コンテナ取扱会社日本フレートライナーはマイカー旅行や引越しを対象としコンテナに収納した乗用車を高速コンテナ列車で輸送する業務を開始。同社の両開き10トン有蓋コンテナUC7、20個に固定用ラッシングベルトを取付けるなどの改造を行って充当した。コンテナ1個に1台積。

(2) 昭和62年9月、JR貨物九州支社は乗用車輸送用の20ftフラットコンテナM15Aを開発、5個を製作した。1個に乗用車1台を積載しラッシングリングとワイヤーで固定する。

(3) 平成元年2月、JR貨物広島支店は乗用車輸送用20ft無蓋コンテナM11Aを開発。1コンテナに3000ccクラスまでの乗用車1台積、コキに2段積で1輌に6台が積載可能。輸送中はカバーをかけ返送の際にはコンテナの柱を折りたたむ。試作2個のみに終った。

■写真84. 乗用車積載のUC7形有蓋コンテナ。
ジェイアール貨物・リサーチセンター提供

■写真85. M15A形自動車用無蓋コンテナ。　　日本貨物鉄道提供

■図33. M11A形コンテナ自動車積付図
ジェイアール貨物・リサーチセンター提供

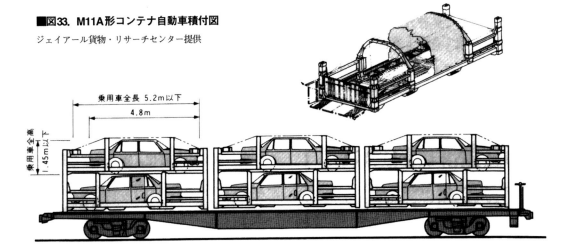

乗用車全長 5.2m以下
4.8m
乗用車全高 1.45m以下

■写真86. U53A形オートバイ用屋根昇降式コンテナ。

ジェイアール貨物・リサーチセンター提供

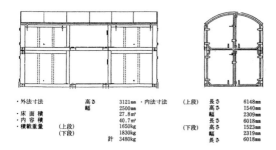

・外法寸法	高さ	3121mm	・内法寸法	(上段)	長さ	6148mm
	幅	2500mm			高さ	1540mm
・床面積		27.8㎡			幅	2309mm
・内容積		40.7㎥		(下段)	長さ	6018mm
・積載重量	(上段)	1650kg			高さ	1523mm
	(下段)	1830kg			幅	2319mm
	計	3480kg			長さ	6018mm

■図34. M41A形コンテナ形式図　　　提供：日本貨物鉄道

■写真87. カーパックM41A形上段積載。

1991.11　横浜羽沢　P：渡辺一策

(4) 平成元年11月、日本梱包運輸倉庫は本田技研熊本工場のオートバイ輸送用に31ft特別大型コンテナU53Aを開発し輸送を開始。2段床構造で荷役し易いよう上段の床と屋根が油圧で昇降する。1個にファミリーバイク60台積。初め10個から平成5年には24個と増加した。

その後オートバイの鉄道輸送は天井開き背高12ftコンテナ・通運会社私有U20Aに専用2段式パレットで積む方式もとり入れられている。

(5) 平成3年3月、上下2段に乗用車各1台を積む20ft有蓋コンテナ、日産カーパックU41Aが開発された。トンネル通過を考慮し丸屋根の宝石箱タイプ。上下を分離した状態で積込み重ね合わせる。コキ1車に3個6台を積載。55個が造られ宇都宮（タ）、横浜羽沢〜苅田港などのルートで日産の乗用車を輸送した。

さらに9年1月より苅田港〜新潟（タ）などのルートが加わりこちらには高さ限界の関係で上部パッケージのみ高さを下げ積載車種を限定したU38A形46個が新製された。

これらコンテナは宇都宮（タ）駅に残存しているが、最近ではごく稀に使用される程度である。

(6) 平成4年4月、JR貨物北海道支社はマイカー輸送兼用の引越貨物用20ftコンテナを製作。車は3000ccクラスまで積め、コンテナ内臓の折り畳み式ランプウェイによりトラックから卸さず後妻から自走で積

■写真88. カーパックM41A形下段積載。

1991.11　横浜羽沢　P：渡辺一策

■写真89. カーパックM41A形・コキに3個積。

1991.11　横浜羽沢　P：渡辺一策

■写真90.
U60A形乗用車用コンテナ。
　　1992.11　新座タ　P：渡辺一策

卸しする。引越貨物はコンテナ前部と後部昇降式棚に積む。日本フレートライナーの私有で形式番号はU28A－57の1個であった。

(7) 平成4年9月、本田技研の乗用車輸送用に全長9.4mの大型コンテナU60Aが開発された。日本梱包運輸倉庫の私有で1900ccクラスの乗用車を上下に4台積みコキ100系に2個積載する。道路上では後部扉を開いたまま輸送し、貨車積載時は扉を閉め、高さを高くする。製造は4個で新座（タ）→金沢のルートで運用されたが、主力車種がCR－Vなど更に大型化したため活躍の期間は短かった。

(8) 平成8年3月、軽自動車等を輸送するワイドコンテナUV42Aが開発された。コンテナの前後2列に2台ずつ、4台を積載するようワイドにした。側面は強化シートで覆い容易に人力で荷役ができる。天井を支える側柱は折り畳み式で返路は4個を重ねて回送する。8個が造られ東水島→新潟（タ）のルートで三菱自工の軽自動車を輸送した。

　その後平成9年頃から軽自動車は専用パレットにより、汎用12ftコンテナに1台を積む方式が行われるようになりワイドコンテナは普及しなかった。

■写真91. U60A形積載状態。
　　　　ジェイアール貨物・リサーチセンター提供

■写真92. UV42A形軽自動車用コンテナ。
　　　　　　　　　　　　　　所蔵：渡辺一策

■写真93. 軽自動車パレット積12ftコンテナ。
　　　　ジェイアール貨物・リサーチセンター提供

■写真94. コキ71形2。

2001.1 名古屋タ　P：筒井俊之

9−2　コキ71形とカーラックシステム

尾崎寛太郎

平成6年、乗用車輸送とコンテナ輸送を兼用し、輸送効率の向上を図る目的でコキ71形とその専用コンテナ「カーラック」が開発された。乗用車輸送は片荷となるため、親子コンテナの形で復路の輸送を確保するとともに、乗用車の積卸しを道路輸送と一貫させる改善をした。

コキ71形は先に試作されたコキ70形をベースに、乗用車の汚損を防ぐため着脱可能なアルミ製ラックカバーを装備した。このラックカバーは油圧を動力とし積卸し時に屋根が上昇し、側扉は跳上げ式の総開き構造である。

カーラックをコキ1輌に2個積載し、1台のカーラックにセダン系4.8m級の大、中型乗用車を4台積むタイプと4.2m級小型車を5台積むタイプの2種がある。いずれも12ftコンテナは2個積めるようになっている。

このカーラックは無蓋コンテナになっており、緊締装置もツイストロック方式を採用している。形式は当初M20A形であったが、その後この輸送を請負うJRFエンジニアリングの私有コンテナUM20A形になり17個が在籍している。

カーラックは可動式の2段床構造を持ち、トラクタから油圧で上段床を上下させる。5台積タイプでは中床を上下傾斜させ、中段中央に5台目を積む。カーラックへの自動車の積載は自走で行い自動車メーカーの工場および着地のモータープールなどから駅までの道路は

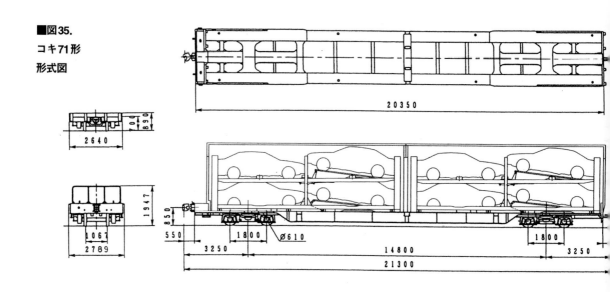

■図35.
コキ71形
形式図

20350

2640

1947

890

1067

2789

850

550

1800

Ø610

3250

14800

1800

3250

21300

■写真95. 左端に見える可搬式油圧ユニットによりラックカバー開閉操作中のコキ71形。　　1995.7　名古屋タ　P：渡辺一策

■写真96. カーラック・乗用車4台積。　　2002.1　名古屋タ　P：筒井俊之

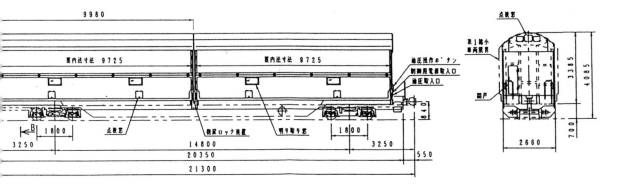

■写真97. カーラック・乗用車5台積。　　　　　　　　　　　　　　　　　　　　　1998.8　新潟タ　P：渡辺一策

往路：乗用車積載の場合

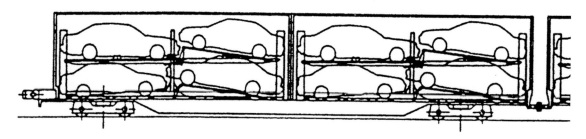

復路：12Fコンテナ積載の場合

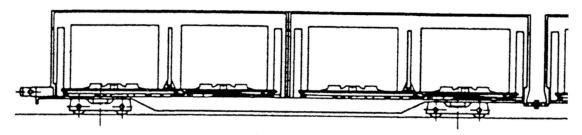

■図36. コキ71形カーラック＋乗用車、12ftコンテナ積付図　　　　　　　　　ジェイアール貨物・リサーチセンター提供

■写真98. カーラック・乗用車4台積、道路モード。

1995.7　名古屋タ　P：渡辺一策

■写真99. カーラック・12ftコンテナ積。　提供：日本貨物鉄道

専用のトレーラーでカーラックを輸送しフォークリフトで積卸しする。

　カーラックは道路輸送時、上段床を水平にし、鉄道輸送時は全長からはみ出さないよう、上段床を傾斜させる。コンテナ積載時は、緊締装置が取付けられている上段床を最下部まで下げ、フォークリフトで積載する。なお、12ftコンテナを積載したカーラックはフォークリフトで荷役はできない。

　コキ71形は2輌1ユニット式で使用するので、中間は固定式連結器を採用した。台車はボルスタレス空気ばね式のFT12Aを採用した。基礎ブレーキは車輪側面押付け式のディスクブレーキを採用した。

　塗色はカーラック及びコキ71形車体がJR貨物のサービスカラーであるJRFレッド、床下機器と台車は灰色1号である。

陸上（道路）モードと鉄道モード間の変更

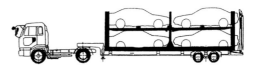

リヤゲートおよびカーラックの上・下段床を道路輸送モードにセットし、目的の貨物ターミナルへ向けて出発します。

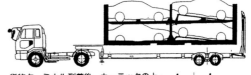

貨物ターミナル到着後、カーラックの上・下段床を鉄道輸送モードにシフトします。次にトレーラのカーラック固縛装置を解除し、フォークリフトでカーラックを貨車へ移動します。

■図37. カーラック、1道路モードと鉄道モード

ジェイアール貨物・リサーチセンター提供

　平成6年製の2輌(71−901、902)が試作として登場し、7年3月から名古屋（タ）〜新潟（タ）間で営業を開始した。その後平成9年までに6輌(71−1〜6)が量産され、現在は8輌で、名古屋（タ）〜新潟（タ）、米子間で運用され、名古屋からトヨタの乗用車、新潟、米子からは一般貨物積12ftコンテナを輸送している。

　なお本形式は平成8年度鉄道友の会ローレル賞を受賞している。貨車としては初めての受賞であった。

■表13. 車を運ぶ貨車・諸元一覧表

形　式	シワ115→シワ100→ク50	クム1	シム1000→クム1000	シム2000→クム2000	シム3000→クム3000	ク300	ク300	トラ30000改造車	シム10000
番　号	115~138→100~106→50~56	1~27	1000	2000~29	3000~09	300	301	不明	—
製(改)造輌数	24	27	1	30	10	1	1	3	—
在籍期間	T04~S05	S03~S40	S37~S43	S38~S52	S40~45	S40~S47	S41~S47	S42~S48頃	(計画のみ)
製(改)造所	大宮工場	大井工場	日車	日車	三菱	東急	日車	(広島工場)	—
自　重t	8.3~8.9	10.4~10.7	7.5	8.0	10.6	19.9	19.5	8	約20
荷　重t	無→13	15	15	15	15	12→8	12→8	17	15
最大寸法mm 高さ×幅×長さ	3841×2635×7843	2830×2545×7830	2810×2945×9500	1690×2470×9650	3308×2720×10100	3717×2991×18330	3850×2957×18920	1295×2710×9550	3400×2800×22200
軸配置	2軸	2軸	2軸	2軸	2軸	2軸ボギー	2軸ボギー	2軸	2軸ボギー
走り装置	リンク式	リンク式	2段リンク式	2段リンク式	2段リンク式	TR41C-1	TR41D-1	2段リンク式	TR203
車輪径		860	860	860	860	860	860	860	860
ブレーキ装置		KC		KC	KC	KC	KD	KC	
積載車種	儀装馬車	儀装馬車	新車乗用車	新車乗用車	新車乗用車	新車乗用車	新車乗用車	新車乗用車	新車乗用車
積載台数	1	1	6	4~6	9	12	12	4~6	8~12
所有者	国鉄	国鉄	トヨタ自販	ダイハツ工業	三菱重工業→三菱自販	日産自動車	日産自動車	国鉄	国鉄

■写真100. クム8000系ピギーバック列車からトラックが自走でおりる。　　　　1987.8.7　東京タ　P：高木英二（RGG）

形式	ク9000→ク5000	ク9100	ワキ5000改造車	ワキ7000	ワム80000 オートバイ用	ワキ10000 カートレイン用	マニ44 カートレイン用	マニ50 モトトレイン用	クサ9000
番号	表6参照	9100	本文参照	7000〜7006	583000〜3011	表8参照	表8参照	表9参照	9000
製(改)造輛数	932	1	13	7	12	36	8	11	1
在籍期間	S41〜H08	S42〜S51	S41〜S48頃	S47〜S56	S43〜S56	S60〜	S61〜H07	S61〜	S42〜S47
製(改)造所	日車、三菱	日立	(名古屋工場)	(名古屋工場)	日車	(大宮工場)(苗穂工場)	(名古屋工場)	(大宮工場)(鷹取工場)	川重
自重t	約22	18.5	22	22.8	11	22	約29	約29	21.3
荷重t	12	12	30	30	15	30	17	13	21
最大寸法mm 高さ×幅×長さ	3300×2920 ×20500	3099×2920 ×21840	3695×2882 ×15850	3695×2882 ×15850	3703×2750 ×9650	3704×2984 ×15650	3945×2762 ×19500	3865×2883 ×20000	1950×2610 ×17790
軸配置	2軸ボギー	3軸	2軸ボギー	2軸ボギー	2軸	2軸ボギー	2軸ボギー	2軸ボギー	2軸ボギー
走り装置	TR63C、63CF TR222、222A	2段リンク	TR63B、63D、63F、63DF	TR63B、63D、63F、63DF	2段リンク	TR203	TR232	TR230	TR94
ブレーキ装置	AD、KD	KC	ASD	ASD	KC	CLE	CL	CL	
積載車種	新車乗用車	新車乗用車	新車オートバイ	新車オートバイ	新車オートバイ	旅客乗用車	旅客乗用車	旅客オートバイ	セミトレーラ
積載台数	8〜12	8〜12	112	112	44〜48	3→2	3	20	2
所有者	国鉄→JR貨物	国鉄	国鉄	国鉄	国鉄	国鉄→JR東日本、西日本、北海道	国鉄→JR東日本	国鉄→JR東日本、西日本	国鉄

形式	チサ9000	コキ70	クキ900	クキ1000	クム80000	クム1000	クム1001	クサ1000	コキ71
番号	9000	901〜902	1	1〜20	80000〜80078	1〜37、501〜554	1〜37	901〜902	1〜6、901〜902
製(改)造輛数	1	2	1	20	79	91	37	2	8
在籍期間	S58〜	H03〜H14	H01〜H12	H03〜H08	S61〜H15	H01〜H15	H01〜H15	(H05)	H6〜
製(改)造所	(幡生工場)	川重	(日車)	日車	日車、川重 JRF広島	日車、川重	日車、川重	川重	川重
自重t	18.3	21.8	20.0	20.4	18.8	20.2	20.2	20.2	20.7
荷重t	20	40.6	27.0	44.4t	16	16	16	24	39.2
最大寸法mm 高さ×幅×長さ	1096×2660 ×16925	1965×2829 ×20750	1202×2692 ×16320	1856×2600 ×20400	1992×2720 ×19100	1992×2820 ×19910	1992×2820 ×19910	1920×2674 ×21300	1947×2789 ×20350
軸配置	3軸ボギー	2軸ボギー	2軸ボギー	2軸ボギー	2軸ボギー	2軸ボギー	2軸ボギー	2軸ボギー	2軸ボギー
走り装置	TR901	FT11	TR215F	FT1−1	TR63F	FT1	FT1	FT12	FT12A
車輪径	350	610	860	860	860	860	860	610	610
ブレーキ装置	CL	CL−CLE	ASD	CL	CL	CLE	CL	CL−CLE	CL−CLE
積載車種	大型トラック	大型トラック(4トントラック)	タンクローリ	セミトレーラ タンクローリ	4トントラック	4トントラック	4トントラック	4トントラック	カーラック積 新車乗用車
積載台数	1	1(2)	1	2〜3	2	2	2	3	8〜10
所有者	国鉄→JR貨物	JR貨物	JR貨物	日本石油輸送	日本フレートライナー	日本フレートライナー	日本フレートライナー	日本フレートライナー	JR貨物

おわりに

　現在、ＪＲ貨物にあっては汎用貨車の代表であった
有蓋車や無蓋車でさえ年々減少の一途であり、貨車と
いえばコンテナ車とタンク車に収束されてしまった感
が強い。

　そのような情勢下で我々貨車愛好者グループは数十
年間続けてきた貨車の調査、記録を一つのテーマのも
とに纏めることとし、各メンバーが分担執筆して本書
が誕生した。

　各種貨車の中でもきわめて特異な存在であった「車
を運ぶ貨車」について、本書により幾分でも理解して
いただければ筆者一同望外の幸いである。

　　　　渡辺 一策（早稲田大学鉄道研究会OB、鉄道友の会貨車部会会員）

編集兼執筆者　　　渡辺 一策

執筆者（50音順）

植松 昌、尾崎寛太郎、佐竹 洋一、関本 正、筒井 俊之、
後山 廣春、福田 孝行、宮坂 達也、矢嶋 亨、吉岡 心平、
吉田 耕治

謝辞：本書をすすめるに当って下記の方々からご教示及び資料、写
真の提供をいただいた。ここに御氏名又は機関名（敬称略）
をあげ深くお礼申し上げる次第である。

阿部貴幸、岩堀春夫、遠藤文雄、奥井淳司、奥野和弘、小松重次、
篠原　丞、鈴木靖人、高間恒雄、豊永泰太郎、藤田吾郎、星合英二、
星　良助、堀井純一、諸河　久、RGG（荒川好夫）
日本貨物鉄道株式会社、ジェイアール貨物・リサーチセンター、物
流博物館、交通博物館、交通科学博物館

クム1000形500番代に積まれた4トンピギーバック専用トラック。
「医薬専用」とあるのは中央運輸所有・簡易保冷タイプで4トンピ
ギー中の珍車である。
　　　　1990.7.23　東京貨物ターミナル　P：森嶋孝司（RGG）